普通高等教育系列教材

Photoshop 图形图像处理实用教程

彭 澎 郭 芹 编著

机 械 工 业 出 版 社

本书包括 49 个完整的 Photoshop 案例，每个案例都贴近日常生活，由简单到综合。这些案例一方面涵盖了常用的图像图形处理问题，另一方面几乎覆盖了 Photoshop CC 中文版经常使用的所有选项和命令。案例的设计充分考虑了教学和初学者的实际情况与需求，图例步骤清晰细致，富于启发性，易学易懂。特别是对于初学者，当急需解决与教材实例相似的问题时，仅参照教材所提供的实例即可完成任务。本书列举的所有案例都配有完整的视频教学短片，以便教师教学和学生自学。

　　本书属于实例教程类图书，不仅适用于大中专院校学生、社会培训机构教学使用，也适合于在职人员、图文设计人员自学使用，还是平面设计、影像创意和摄影摄像等相关行业从业人员理想的入门参考用书。

　　本书配有电子课件，需要的教师可登录 www.cmpedu.com 免费注册，审核通过后下载，或联系编辑索取（微信：15910938545，电话：010-88379739）。

图书在版编目（CIP）数据

Photoshop 图形图像处理实用教程 / 彭澎，郭芹编著．—北京：机械工业出版社，2017.8（2022.7 重印）
普通高等教育系列教材
ISBN 978-7-111-57416-3

Ⅰ．①P…　Ⅱ．①郭…　Ⅲ．①图象处理软件—高等学校—教材
Ⅳ．①TP391.413

中国版本图书馆 CIP 数据核字（2017）第 165561 号

机械工业出版社（北京市百万庄大街 22 号　邮政编码 100037）
责任编辑：郝建伟
责任校对：张艳霞
责任印制：单爱军
北京虎彩文化传播有限公司印刷
2022 年 7 月第 1 版·第 7 次印刷
184mm×260mm·21.75 印张·534 千字
标准书号：ISBN 978-7-111-57416-3
定价：59.00 元

前　言

Photoshop 是目前使用广泛且具有权威性的图形图像处理软件，其较新的中文版本为 Photoshop CC，该软件广泛应用于平面设计（字体、包装、海报和 LOGO 等）、广告摄影、数字影像、视觉创意合成、网页排版布局、Web 界面设计、后期修饰、电子商务设计和视觉特效等行业。

本书从零开始，按照"由易到难、由浅入深、分门别类、易学易用、解决问题"的原则编写，以解决在工作、学习与生活中因数字图像缺陷问题所带来的困扰为出发点，学用结合。案例知识内容全面，几乎覆盖了使用 Photoshop CC 中文版时经常用到的所有选项和命令，每个案例都是精心策划编辑完成的，案例的设计充分考虑了初学者的实际情况与需求，步骤清晰细致，富于启发性，易学易懂。

本书是教育部教育管理信息中心 ITAT 教育工程的视频微课配套使用教材，根据 ITAT 项目要求，案例以解决实际问题为核心，科学、合理地安排了学习时间，每节微课时长约 5~15 分钟，累计 540 分钟。每节课程独立完成一个任务并解决一个问题，力求让读者在较短的时间内快速掌握 Photoshop CC 图形图像处理的相关技能与技巧。本书将相关素材文件等放在了网盘上，请扫描封底的二维码下载资源。

为了避免初学者死板的"工具式"学习，少走弯路，几乎在每个案例中都穿插了小知识，方便学生检索，灵活实用，适时给予提示、查询并提供"连接式"学习，易于激发学生的学习热情，更便于教师进行课堂教学。例如，在某一节中出现了"小知识 1：图像自动置于文件中心位置"且伴有详细的内容讲解，说明这是一个新的知识点或技巧点，并且在这一节的案例中用到了这个小知识。若在另外的章节中也出现了"小知识 1：图像自动置于文件中心位置"，但没有详细的内容介绍，表明这是一个"连接强调式"知识，读者可以通过目录查找相关小知识所在的具体章节页码进行详细学习，在做到及时复习前面所学知识的同时进一步巩固并更新现有的知识结构。本书内容实践操作性强，对基础理论知识并没有进行长篇大论的讲解，而是安排在了附录中。

本书属于实例教程类图书，共分为 6 部分，包括 5 章和 1 个附录。第 1 章为图像简易处理，讲解了基础的图像编辑处理方法，如图像裁切、旋转、调正和多余内容移除等，操作简单，易于掌握；第 2 章为人像处理，主要是针对人像图像编辑，如祛痘、祛斑、美妆和质感增强等，较第 1 章而言，其操作难度略微增大，处理思路及过程更加综合；第 3 章为景象及静物处理，旨在解决景物或静物图像中的缺陷问题，最终满足观赏者或用户的视觉需求、心理需求和创作需求；第 4 章为艺术表现及创作，其自主性和创造性较强，可以培养读者对图像创作的爱好，读者在掌握案例操作后还可以结合自身审美及思维模式展开其他艺术形式的创作，启发性强；第 5 章为动画创作及批处理图像，通过批量处理图像的学习来完成大量相同的、重复性的操作，以节约操作时间，在提高工作效率的同时实现图像处理的自动化。附录为图形图像处理理论基础。只要仔细阅读本书，便能从中学到很多知识与技巧。

本书属于实例教程类图书，不仅适用于大中专院校学生、社会培训机构教学使用，也适合于在职人员、图文设计人员自学使用，还是平面设计、影像创意和摄影摄像等相关行业从业人员理想的入门参考用书。

本书由北京信息职业技术学院彭澎教授和山东英才学院郭芹老师共同编写。在编写过程中还得到了仝凯丽、罗芬、张盟、施思、张爱华、张玉刚、郭强、肖南方、郭灵霞、胡炜等同志的帮助，在此一并表示感谢。

由于作者水平有限，经验阅历不足，书中难免有错误和疏漏之处，敬请广大读者批评指正。

编　者

目　　录

第1章　图像简易处理

随着用户对数字图像的使用要求及规范程度越来越高，实时图像处理技术广泛应用于生产、生活中。本章中的案例内容主要针对一些数字图像的简易处理，案例操作难度小，用户容易掌握，旨在解决日常生活中遇到的基础图像缺陷问题，如图像尺寸的调整、裁切、扭曲校正、抠图和多余内容移除等，为后续章节内容的学习打好基础。

1.1　图像尺寸大小的修改

导读：修改图像尺寸是最基础的处理操作，正确地设置图像尺寸，能够减少不必要的麻烦。如因图像尺寸过大致使硬盘空间不足、操作软件处理图像的速度减慢或无法正常上传到网络空间等问题；又或者因图像尺寸过小，导致图像元素内容出现锯齿、印刷不清晰等问题。修改或设置图像尺寸大小的方法有很多种，本节将学习两种简易的操作处理方法，以解决读者的困扰，适应使用需求。

图 1-1 所示是招聘网站对电子证件照提出的图像上传要求，要求照片大小不超过500KB，建议所使用的尺寸为 70×100 像素，JPEG 图像格式（即.jpg 或.jpeg 文件）。

图 1-1　电子证件照上传要求截图

1.1.1　通过"文件"→"新建"命令

通过"文件"→"新建"命令，设置图像大小的具体操作方法及步骤如下。

第 1 步：新建文件

打开 Photoshop，选择"文件"→"新建"命令，如图 1-2 所示，或按键盘上的〈Ctrl+N〉组合键，弹出"新建"对话框，创建一个宽度为 70 像素，高度为 100 像素，分辨率为 150 像素/英寸（in），颜色模式为 RGB 颜色，背景内容为白色的画布，具体参数设置如图 1-3 所示。单击"确定"按钮，完成新文件的创建，文件窗口显示如图 1-4 所示。

1

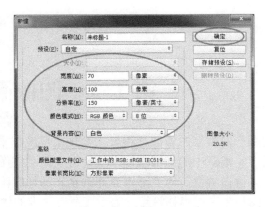

图 1-2　选择"新建"命令　　　　　　　　图 1-3　"新建"对话框

图 1-4　文件窗口显示

第 2 步：打开需要修改尺寸的证件照图像

选择"文件"→"打开"命令，弹出"打开"对话框，或按〈Ctrl+O〉组合键，打开从网盘下载的"Photoshop 图形图像处理实用教程图像库\第 1 章\证件照.jpg"文件，窗口显示如图 1-5 所示。

图 1-5　窗口显示

第 3 步：拖动证件照图像到新建文件中

在工具箱中选择"移动"工具，将光标移动到证件照图像上，按住鼠标左键和〈Shift〉键不放，将证件照图像拖动到新建文件中，此时证件照图像在新建文件中的显示及

"图层"面板显示如图 1-6 所示。之后释放鼠标左键和〈Shift〉键。（**小知识 1：图像自动置于文件中心位置**）

小知识 1：图像自动置于文件中心位置

在使用"移动"工具将打开的图像移动到新建文件或其他图像文件中时，在按住鼠标左键不放并移动图像的过程中，若再同时按住键盘上的〈Shift〉键，直至将图像移动到新建文件或其他图像文件中再释放〈Shift〉键和鼠标左键，可以实现图像中心点自动置于新建文件或其他图像文件的正中心位置。

第 4 步：缩小图像

在"图层"面板中单击"图层 1"图层，以选中该图层，如图 1-7 所示。之后按〈Ctrl+T〉组合键，图像边缘出现实线边框，如图 1-8 所示。将光标移动到实线边框的一个角上，按住〈Shift+Alt〉组合键不放，按下鼠标左键向图像的中心点方向移动光标，以缩小图像，操作示意如图 1-9 所示。直至将图像缩放到新建文件以内，释放鼠标左键和〈Shift+Alt〉组合键，最后按〈Enter〉键确认缩小后的图像大小，图像边缘的实线边框消失，效果如图 1-10 所示。（**小知识 36：图像的缩小、放大及旋转**）

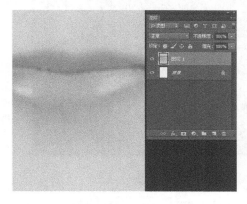

图1-6 图像显示及"图层"面板

图1-7 选中"图层 1"图层

图1-8 实线边框标注

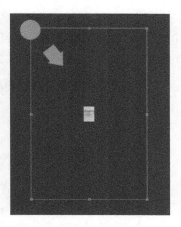

图1-9 图像缩小操作示意

图1-10 缩小后的图像效果

第 5 步：保存新建文件

选择"文件"→"存储为"命令，或按〈Ctrl+Shift+S〉组合键，弹出"另存为"对话框，选择存储路径并命名文件，将文件的保存类型设置为 JPEG 格式，单击"保存"按钮，完成存储操作。

1.1.2 通过修改"图像大小"对话框

针对招聘网站提出的图像上传要求，图像大小修改的具体操作方法及步骤如下。

第 1 步：打开需要修改尺寸的证件照图像

打开 Photoshop，选择"文件"→"打开"命令，弹出"打开"对话框，或按〈Ctrl+O〉组合键，打开从网盘下载的"Photoshop 图形图像处理实用教程图像库\第 1 章\证件照.jpg"文件，窗口显示如图 1-11 所示。

图 1-11　窗口显示

第 2 步：打开"图像大小"对话框，查看图像信息

选择"图像"→"图像大小"命令，如图 1-12 所示，或按〈Alt+Ctrl+I〉组合键，弹出"图像大小"对话框，如图 1-13 所示。可以看到，图像所占用的空间大小为 2.45MB，图像宽度为 750 像素，高度为 1140 像素。而网站对电子证件照提出的图像上传要求是大小不超过 500KB，建议尺寸为 70×100 像素，JPEG 格式。（**小知识 2："图像大小"对话框**）

图 1-12　选择"图像大小"命令

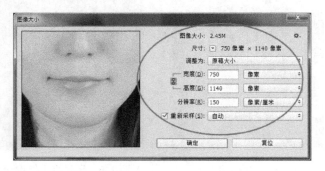

图 1-13　"图像大小"对话框

4

第3步：修改"图像大小"对话框中的参数

小知识2："图像大小"对话框

在"图像大小"对话框中，在"限制长宽比"状态下，只需修改"宽度"或"高度"选项中的一个数值，另一个数值就会相应地等比发生变化，图像不会变形。若是在"不约束长宽比"状态下，修改"宽度"或"高度"选项中的一个数值，另一个数值不会发生任何变化，图像会变形。

在"图像大小"对话框中，先确保图像的宽度和高度为"限制长宽比"状态，如图 1-14 所示。将图像的"宽度"修改为 70 像素，不设置"高度"尺寸，因为先前设置了"限制长宽比"，所以图像的高度会根据宽高比自动变化（也可以将图像的"高度"修改为 100 像素，不设置"宽度"数值），设置完成后的对话框如图 1-15 所示。单击"确定"按钮，完成图像大小的修改。（**小知识2："图像大小"对话框**）

单击一次此链接图标可切换到"不约束长宽比"状态
默认状态为"限制长宽比"

图 1-14 "图像大小"对话框中的宽高尺寸修改

图 1-15 修改"宽度"尺寸

第4步：保存修改尺寸以后的图像文件

选择"文件"→"存储为"命令，或按〈Ctrl+Shift+S〉组合键，弹出"另存为"对话框，选择存储路径并命名文件，将文件的保存类型设置为 JPEG 格式，单击"保存"按钮，完成存储操作。

1.2 图像裁切

导读： 在日常拍摄中，往往会拍摄到一些画面本身并不需要的内容，如图 1-16 中所示的灰色背景，或将照片扫描成电子版时边缘会多出许多杂乱内容。此时可以用 Photoshop 对整个画面内容进行裁剪处理。图 1-17 所示是在图 1-16 的基础上裁切后的效果。

图 1-16 裁切前的图像

图 1-17 裁切后的图像

针对图 1-16 中的问题，图像裁切的具体操作方法及步骤如下。

第 1 步：打开需要裁切的图像

打开 Photoshop，选择"文件"→"打开"命令，弹出"打开"对话框，或按〈Ctrl+O〉组合键，打开从网盘下载的"Photoshop 图形图像处理实用教程图像库\第 1 章\图像裁切练习.jpg"文件，图像窗口显示如图 1-18 所示。

图 1-18   图像文件窗口显示

第 2 步：选择"裁切"工具并对其进行预设

在工具箱中选择"裁切"工具 ，此时在图像边缘会多出一个裁切框，如图 1-19 所示。在此工具的选项栏中对其进行预设，先单击"清除"按钮，清除原有的比例数据，再选择默认的"比例"预设方式，如图 1-20 所示。（**小知识3：裁切工具**）

图 1-19   裁切框标注

图 1-20   "裁切"工具选项栏预设

小知识 3：裁切工具

"裁切"工具的作用是裁剪图像，以便切除多余内容，使图像构图更加完美。

1. 选项栏介绍

在"裁切"工具的选项栏中，单击"比例"选项后的 图标，位置标注如图 1-21 所示，弹出"裁切比例或尺寸"预设管理器面板，如图 1-22 所示，在此面板中选择不同的预设选项，同时在图像区域会显示相应的图像裁切区域，图 1-23 所示是选择"1∶1（方形）"预设选项时的图像裁切框效果。

图 1-21   图标位置标注

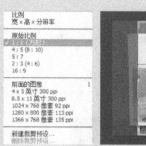

图1-22 "裁切比例或尺寸"预设管理器面板　　　　图1-23 "1∶1（方形）"预设图像裁切框效果

2. 裁切方法

先在工具箱中选择"裁切"工具，并在其选项栏中预设此工具。当图像中出现裁切框后将光标移动到裁切框上，按住鼠标左键不放，依次拖曳裁切框的4条边或控制点，确定好要保留的内容区域后按〈Enter〉键或双击，或单击选项栏右侧的对号按钮 ✓，位置标注如图 1-24 所示，完成图像裁切。

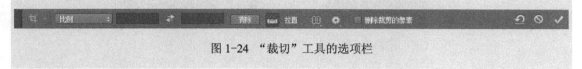

图1-24 "裁切"工具的选项栏

第3步：裁切图像

在选项栏中预设完"裁切"工具后，按住鼠标左键不放，依次拖曳图像裁切框的 4 条边或控制点，确定好要保留的图像区域，如图 1-25 所示，最后按〈Enter〉键，确认裁切后的图像，完成裁切后的图像效果如图 1-26 所示。（**小知识 3：裁切工具**）

图1-25 确定好要保留的图像区域　　　　　　图1-26 裁切后的图像效果

第4步：保存裁切后的图像

选择"文件"→"存储为"命令，或按〈Ctrl+Shift+S〉组合键，弹出"另存为"对话框，选择存储路径并命名文件名称，将文件的保存类型设置为 JPEG 格式，单击"保存"按钮，完成存储操作。

1.3 图像调正

导读：摄影过程中会因拍摄角度错误或镜头不正等因素导致画面内容歪斜或扭曲。此时就需要对图像进行后期调正处理。以下给出的图像中，图1-27所示为画框扭曲的图像，图1-28所示为画框调正后的画面效果。接下来，用Photoshop进行图像调正，以解决图像的变形、扭曲或歪斜等问题。

图1-27　画框调正前

图1-28　画框调正后

针对图1-27中画面主体内容扭曲变形的情况，图像调正的具体操作方法及步骤如下。

第1步：打开需要调正的图像

打开Photoshop，选择"文件"→"打开"命令，弹出"打开"对话框，或按〈Ctrl+O〉组合键，打开从网盘下载的"Photoshop图形图像处理实用教程图像库\第1章\图像调正练习.jpg"文件，图像窗口显示如图1-29所示。

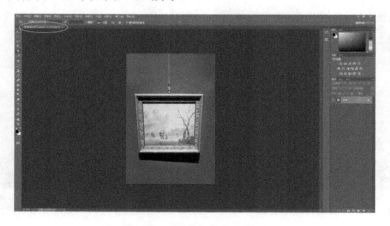
图1-29　图像文件窗口显示

第2步：显示标尺

将光标移动到菜单栏上，选择"视图"→"标尺"命令，如图1-30所示，或按〈Ctrl+R〉组合键，显示标尺。此时会在图像的顶部和左侧出现标尺刻度，显隐标尺效果对

比如图 1-31 和图 1-32 所示。(小知识 4：标尺与参考线)

图 1-30　选择"标尺"命令

图 1-31　未显示标尺

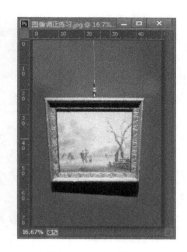

图 1-32　显示标尺

第 3 步：创建辅助参考线

　　显示标尺后，先将光标移动到顶部的水平标尺上，按住鼠标左键不放并向下拖曳光标，即可拖曳出水平参考线，位置如图 1-33 所示。再把光标移动到左侧的垂直标尺上，按住鼠标左键不放并向右拖曳光标，即可拖曳出垂直参考线，位置如图 1-34 所示。(小知识 4：标尺与参考线)

图 1-33　创建水平参考线

图 1-34　创建垂直参考线

小知识 4：标尺与参考线

　　标尺和参考线可以帮助用户精确定位图像或内容元素，其中参考线以浮动的状态显示在图像或内容元素上方。可以对参考线进行自由移动、锁定、清除和显隐，在输出或打印文件时，参考线不会输出和参与打印，只起到辅助作用。

1. 显示与隐藏标尺

将光标移动到菜单栏上，选择"视图"→"标尺"命令，如图 1-35 所示，或按〈Ctrl+R〉组合键，以显示标尺。再次选择"视图"→"标尺"命令，或按〈Ctrl+R〉组合键，即可隐藏标尺，如图 1-36 所示。

在此需要特别注意的是，在 Photoshop 图像处理软件中，如果菜单栏命令左侧带有对号"✓"，表明此操作命令可顺逆操作。

2. 移动参考线

若想移动辅助参考线，首先将光标定位到需要移动的参考线上，按住鼠标左键不放，直接将其拖曳到合适的位置，释放鼠标左键，即可完成参考线的移动。

3. 锁定参考线

选择"视图"→"锁定参考线"命令，或按〈Alt+Ctrl+;〉组合键，以锁定参考线。

4. 清除参考线

选择"视图"→"清除参考线"命令，以清除参考线。

5. 显隐参考线

选择"视图"→"显示额外内容"命令，图 1-37 所示为参考线的隐藏设置，图 1-38 所示为参考线的显示设置，或按〈Ctrl+H〉组合键，显隐参考线。

图 1-35　显示标尺　　　图 1-36　隐藏标尺　　　图 1-37　参考线的隐藏设置　　　图 1-38　参考线的显示设置

第 4 步：将"背景"图层转换为普通图层

在"图层"面板中选择"背景"图层，再按住〈Alt〉键不放，双击"背景"图层，之后释放〈Alt〉键，"背景"图层将直接转换为普通图层，转换后的"图层"面板如图 1-39 所示，此时的图层名称变为"图层 0"。（**小知识 5："背景"图层转换为普通图层**）

图 1-39　"图层"面板

10

小知识 5："背景"图层转换为普通图层

"背景"图层始终位于"图层"面板的最底部，名称文字为斜体字。一般情况下，"背景"图层处于锁定状态，此时的图层内容不可编辑，需要先将其转换为可编辑的普通图层。将"背景"图层转换为普通图层的常用方法有以下两种。

方法一：选择"背景"图层，再按住〈Alt〉键不放，双击"背景"图层，之后释放〈Alt〉键，"背景"图层将直接转换为普通图层。

方法二：选择"背景"图层，双击该图层，弹出"新建图层"对话框，如图 1-40 所示，输入图层名称后单击"确定"按钮，"背景"图层将直接转换为普通图层。

"背景"图层转换为普通图层前后的变化对比如图 1-41 和图 1-42 所示（注意观察图层右侧的"图层锁定图标" 🔒、图层名称及字体变化）。

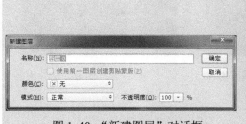

图 1-40　"新建图层"对话框　　　　图 1-41　"背景"图层　　　　图 1-42　普通图层

第 5 步：画框调正

在"图层"面板中，将光标移动到"图层 0"图层上，单击以选中该图层，再按〈Ctrl+T〉组合键，图像边缘出现实线边框，效果如图 1-43 所示。之后将光标移动到实线边框以内，右击，在弹出的快捷菜单中选择"扭曲"命令，如图 1-44 所示。

选择"扭曲"命令后，将光标移动到实线边框的 4 个角上，位置标注如图 1-45 所示，按住鼠标左键不放，逐一调整 4 个角的位置，直至将画框调整到参考线以内，如图 1-46 所示，最后按〈Enter〉键确认操作，完成画框的调正操作。

图 1-43　图像边缘实线边框　　　　图 1-44　选择"扭曲"命令　　　　图 1-45　位置标注

第 6 步：裁切多余画面内容

在工具箱中选择"裁切"工具 ▦，并预设此工具，将光标移动到图像裁切框上，调整好需要保留的画面内容，如图 1-47 所示，最后按〈Enter〉键确认裁切操作，最终裁切的图像效果如图 1-48 所示。（**小知识 3：裁切工具**）

图 1-46　画框调正　　　　　图 1-47　需要保留的画面内容　　　　　图 1-48　图像裁切效果

第 7 步：隐藏参考线

将光标移动到菜单栏上，选择"视图"→"显示额外内容"命令，如图 1-49 所示，或按〈Ctrl+H〉组合键，隐藏参考线。隐藏参考线后的图像效果如图 1-50 所示。（**小知识 4：标尺与参考线**）

图 1-49　隐藏参考线设置　　　　　　　图 1-50　隐藏参考线后的图像效果

第 8 步：保存调正后的图像

选择"文件"→"存储为"命令，或按〈Ctrl+Shift+S〉组合键，弹出"另存为"对话框，选择存储路径并命名文件，将文件的保存类型设置为 JPEG 格式，单击"保存"按钮，完成存储操作。

1.4 图像拼接

导读： 广角镜头解决了摄影爱好者在拍摄大场景时画面拍摄不全的问题，但广角镜头价格不菲，在没有条件购买设备时，可以用 Photoshop 完成大场景画面的自动拼接。以下给出的图像中，图 1-51～图 1-53 所示分别是办公室局部场景图，图 1-54 所示是 3 张图像自动拼接后的场景效果。

图 1-51　办公室局部场景 1　　　图 1-52　办公室局部场景 2　　　图 1-53　办公室局部场景 3

图 1-54　拼接后的场景效果

针对图 1-54 所示的拼接情况，图像自动拼接的具体操作方法及步骤如下。

第 1 步：打开需要拼接的图像

打开 Photoshop，选择"文件"→"打开"命令，弹出"打开"对话框，或按〈Ctrl+O〉组合键，打开从网盘下载的"Photoshop 图形图像处理实用教程图像库\第 1 章\图像拼接练习（1）.jpg""Photoshop 图形图像处理实用教程图像库\第 1 章\图像拼接练习（2）.jpg"和"Photoshop 图形图像处理实用教程图像库\第 1 章\图像拼接练习（3）.jpg"这 3 张图像，图像窗口显示如图 1-55 所示。（**小知识 6：快捷打开多个文件**）

图 1-55　多张图像文件窗口显示 1

小知识 6：快捷打开多个文件

当需要同时打开多个文件时，可以配合使用〈Ctrl〉键或〈Shift〉键，具体操作方法如下。

方法一：将光标移动到菜单栏上，选择"文件"→"打开"命令，或按〈Ctrl+O〉组合键，弹出"打开"对话框，再按住〈Ctrl〉键或〈Shift〉键不放，同时单击需要打开的文件以加选或减选文件，最后单击"打开"按钮，完成多个文件同时打开操作。

需要特别注意的是，当配合使用〈Ctrl〉键时，可以任意选择需要打开的多个文件，如图 1-56 所示；当配合使用〈Shift〉键时，常用来打开位置相邻的多个文件，先按住〈Shift〉键不放，再单击首、尾两个文件，将自动选中首、尾两个文件和它们中间的所有文件，如图 1-57 所示。

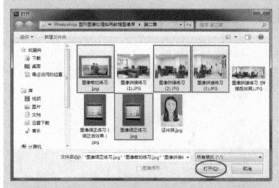 

图 1-56　配合〈Ctrl〉键任意选择多个文件　　　　图 1-57　配合〈Shift〉键选择多个相邻文件

方法二：打开从网盘下载的"Photoshop 图形图像处理实用教程图像库\第 1 章"文件夹，按住〈Ctrl〉键或〈Shift〉键不放，在文件夹中单击需要打开的多个文件，之后释放〈Ctrl〉键或〈Shift〉键。将光标移动到图像文件上再按住鼠标左键不放，将选中的多个文件拖动至任务栏中的"Photoshop 图像处理软件"图标上，操作示意如图 1-58 所示，之后释放鼠标左键，此时图像处理软件会自动打开所选中的多个文件，图像文件窗口显示如图 1-59 所示。

图 1-58　操作示意

图 1-59　多张图像文件窗口显示 2

第 2 步：将 3 张图像拖动至一个图像文件中

　　将光标移动到"标题栏"位置，单击"图像拼接练习（1）.jpg"文字，以选择显示该文件图像，如图 1-60 所示。再在工具箱中选择"移动"工具，将光标移动到图像区域，按住鼠标左键和〈Shift〉键不放，拖动光标，将"图像拼接练习（1）"图像先拖动到"标题栏"处的"图像拼接练习（2）.jpg"文字上，此时软件会自动切换显示"图像拼接练习（2）"图像文件，继续保持按住鼠标左键和〈Shift〉键不放，将"图像拼接练习（1）"图像拖动到"图像拼接练习（2）"文件的图像区域，最后释放鼠标左键和〈Shift〉键，此时"图像拼接练习（1）"图像会自动置于"图像拼接练习（2）"图像文件的中心位置。最后的图像效果及"图层"面板显示如图 1-61 所示。

图 1-60　选择显示"图像拼接练习（1）"图像文件

　　用相同的拖动方法，再将"图像拼接练习（3）"图像拖动到"图像拼接练习（2）"图像

文件中，此时的图像效果及"图层"面板显示如图 1-62 所示。（**小知识 1：图像自动置于文件中心位置**）

图 1-61　图像效果及"图层"面板显示

第 3 步：同时选中 3 个图像图层

在"图层"面板中，按住〈Ctrl〉键不放，再将光标移动到需要选择的图层上，单击鼠标，依次选中 3 个图层，之后释放〈Ctrl〉键，如图 1-63 所示。（**小知识 7：多图层选择**）

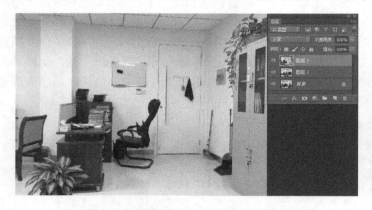

图 1-62　图像效果及"图层"面板显示

图 1-63　同时选中 3 个图层

小知识 7：多图层选择

在"图层"面板中，被选中的图层呈浅蓝色，未被选中的图层呈灰色，效果如图 1-64 所示。先按住〈Ctrl〉键或〈Shift〉键不放，再将光标移动到需要选择的图层上，依次选中需要选择的多个图层，最后释放〈Ctrl〉键或〈Shift〉键，即可完成多个图层的同时选择。

需要特别注意的是，当按住〈Ctrl〉键不放时，可以单击任意图层以选择或取消选择图层，完成任意图层的选择，如图 1-65 所示；当按住〈Shift〉键不放时，若只单击顶图层和底图层，可以同时选中顶图层和底图层及它们中间的所有图层，如图 1-66 所示。

当需要选择的图层数量较少且为间隔图层时，常配合使用〈Ctrl〉键；当需要选择的图层数量较多且为连续图层时，常配合使用〈Shift〉键。

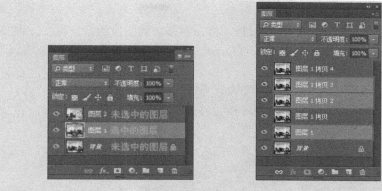

图1-64 选中的图层与未被选中的图层效果区分　　图1-65 选择任意图层　　图1-66 选择连续图层

第4步：自动对齐图层

在"图层"面板中同时选中3个图层后，将光标移动到菜单栏上，选择"编辑"→"自动对齐图层"命令，如图1-67所示，弹出"自动对齐图层"对话框，在其中选择一种投影方式。Photoshop 默认的投影方式为"自动"，用户可以根据图像情况自行选择投影方式，每种投影方式的图像呈现效果不同，在此选择默认的投影方式，单击"确定"按钮，如图1-68所示，最终的图像拼接效果如图1-69所示。

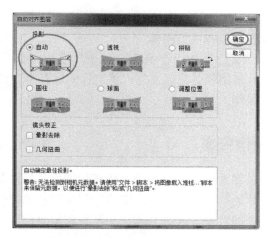

图1-67 选择"自动对齐图层"命令　　　　图1-68 "自动对齐图层"对话框

图1-69 图像拼接效果

第 5 步：裁切多余画面内容

在工具箱中选择"裁切"工具 ，并预设此工具，将光标移动到图像的裁切框上，调整好需要保留的画面内容，如图 1-70 所示，最后按〈Enter〉键确认裁切操作，最终裁切的图像效果如图 1-71 所示。**（小知识 3：裁切工具）**

图 1-70　需要保留的画面内容

图 1-71　裁切后的拼接效果

第 6 步：保存拼接图像

选择"文件"→"存储为"命令，或按〈Ctrl+Shift+S〉组合键，弹出"另存为"对话框，选择存储路径并命名文件，将文件的保存类型设置为 JPEG 格式，单击"保存"按钮，完成存储操作。

1.5　图像修复

导读：图像修复是指对受到损坏的图像进行修复重建，这就要求采取最恰当的方法来恢复图像的原始状态，同时保证图像达到最理想的视觉效果。以下给出的图像中，图 1-72 所示的图像中的背景、人物面部、头发和衣服等部位均有残损，图 1-73 所示为经过修复后的图像效果。

图 1-72　残损图像　　　　　　　图 1-73　修复后的图像效果

在修复此种残损老照片的过程中主要使用了 Photoshop 工具箱中的"污点修复画笔"工具"修复画笔"工具"修补"工具和"仿制图章"工具等。根据图 1-72 中的图像残损情况，图像修复的具体操作方法及步骤如下。

第 1 步：打开需要修复的图像

打开 Photoshop，选择"文件"→"打开"命令，弹出"打开"对话框，或按〈Ctrl+O〉组合键，打开从网盘下载的"Photoshop 图形图像处理实用教程图像库\第 1 章\图像修复练习.jpg"文件，图像窗口显示如图 1-74 所示。

图 1-74 图像文件窗口显示

第 2 步："背景"图层转换为普通图层

在"图层"面板中选择"背景"图层，如图 1-75 所示，按住〈Alt〉键不放，双击"背景"图层，之后释放〈Alt〉键，"背景"图层将直接转换为普通图层，转换后的"图层"面板如图 1-76 所示，此时的图层名称变为"图层 0"。(**小知识 5："背景"图层转换为普通图层**)

第 3 步：修复图像背景

在工具箱中选择"污点修复画笔"工具，如图 1-77 所示。之后预设此工具的选项栏，用户可以根据图像情况自行调节"污点修复画笔"工具的大小，将"类型"设置为"近似匹配"或"内容识别"，将"模式"设置为"正常"，如图 1-78 所示。(**小知识 8：修复工具**)

图 1-75 选择"背景"图层

图 1-76 普通图层

图 1-77 选择"污点修复画笔"工具

图 1-78 "污点修复画笔"工具选项栏预设

在"图层"面板中选择"图层 0"图层，将光标移动到图像背景残损处，位置标注如图 1-79 所示，单击或按住鼠标左键不放进行拖动涂抹，完成背景的修复，残损背景修复后的图像效果如图 1-80 所示。在此需要特别注意的是，在修复背景的过程中可以按〈[〉或〈]〉键放大或缩小"污点修复画笔"工具，以精确修图。

第 4 步：修复人物面部及头发

在工具箱中选择"修复画笔"工具，如图 1-81 所示，之后预设此工具的选项栏，用户可以根据图像情况自行调节工具的大小，将"源"设置为"取样"，将"模式"设置为"正常"，如图 1-82 所示。（**小知识 8：修复工具**）

图 1-79 背景残损处标注　　图 1-80 背景修复后的效果　　图 1-81 选择"修复画笔"工具

图 1-82 "修复画笔"工具选项栏预设

确保"图层 0"图层处于选中状态，将光标移动到完好区域取样点的位置上，位置标注如图 1-83 所示，按住〈Alt〉键不放，用鼠标在完好区域取样点的位置上单击，之后释放〈Alt〉键，完成第一次取样操作。

再将光标移动到图像中人物的面部及头发残损处，位置标注如图 1-84 所示，选择一处残损区域单击或按住鼠标左键不放进行涂抹，每修复一处就进行下一次取样，循环操作，逐一完成面部及头发残损部位的修复，修复后的效果如图 1-85 所示。在此需要特别注意的是，最好是在残损区域附近的完好处取样，接着修复这一残损区域，再进行第二次取样，第二次修复，逐一完成。在修复背景的过程中可以按〈[〉或〈]〉键放大或缩小"修复画笔"工具，以精确修图。

图 1-83　完好区域取样点位置标注　　图 1-84　头发及面部残损处标注　　图 1-85　修复后的效果

第 5 步：修复着装

在工具箱中选择"修补"工具，如图 1-86 所示，预设此工具的选项栏，选择"源"选项，选项栏预设如图 1-87 所示。（**小知识 8：修复工具**）

图 1-86　选择"修补"工具　　　　　　图 1-87　"修补"工具选项栏预设

始终保持"图层 0"图层处于选中状态，将光标移动到着装的残损区域位置上，按住鼠标左键不放，绘制一个闭合选区，之后释放鼠标左键，如图 1-88 所示。再将光标移动到闭合选区内，按住鼠标左键将选区内的残损内容拖曳到周围的完好区域位置上，操作示意如图 1-89 所示，释放鼠标左键，闭合选区内的效果变化如图 1-90 所示。

图 1-88　绘制闭合选区　　　　图 1-89　拖动选区操作示意　　　　图 1-90　选区内容修复后的效果

将光标移动到菜单栏上，选择"选择"→"取消选择"命令，如图 1-91 所示，或按〈Ctrl+D〉组合键，取消画面中的虚线选区，效果如图 1-92 所示。使用相同的方法修复剩余内容，最终的图像效果如图 1-93 所示。

图 1-91　选择"取消选择"命令　　　图 1-92　取消虚线选区效果　　　图 1-93　最终修复效果

在此需要特别注意的是，在整个修复过程中，3 个修复工具可搭配使用，也可单独使用，只要能够完成修复即可。

小知识 8：修复工具

修复工具主要包括：污点修复画笔工具、修复画笔工具和修补工具，三者在工具箱中的位置如图 1-94 所示。用户根据图像复杂情况，可以选择其中的一种或多种来修复图像。

1. 污点修复画笔工具

使用此工具可以修复图像中的污点或某个对象，污点修复画笔工具不需要设置取样点，它可以自动从所修饰的区域周围取样。其选项栏主要包括"模式"和"类型"两部分，如图 1-95 所示。

"模式"用来设置修复图像时使用的混合模式，不同的混合模式，会使图像呈现出不同的效果，用户可以根据图像情况合理地选择混合模式。

"类型"用来设置修复图像的方法，包括"近似匹配""创建纹理"和"内容识别"，用户可以根据图像情况合理地选择修复方法。

图 1-94　3 种修复工具在工具箱中的位置

图 1-95　"污点修复画笔"工具的选项栏

污点修复画笔工具的使用方法如下。

第一步,在工具箱中选择"污点修复画笔"工具。第二步,在"图层"面板中选中需要修复的内容所在图层,并确保图层为可编辑图层。第三步,根据图像情况预设"污点修复画笔"工具的选项栏。第四步,将光标移动到图像需要修复的区域位置,多次单击或按住鼠标左键不放进行拖曳涂抹,以修复图像。图 1-96 和图 1-97 所示是使用此工具修复后的前后效果对比。

图 1-96　修复前的图像

图 1-97　修复后的图像

2. 修复画笔工具

使用此工具可以修复图像中的瑕疵,可以用图像中的像素作为样本进行绘制。在图像修复过程中,可以将样本像素的纹理、光照、透明度或阴影等与所修复的像素进行匹配,从而使修复后的图像更加自然地与图像周围内容相融合。其选项栏主要包括"模式""源"和"对齐"3 部分,如图 1-98 所示。

"模式"用来设置修复图像时使用的混合模式,不同的混合模式,会使图像呈现出不同的效果,用户可以根据图像情况合理地选择混合模式。

"源"是指设置用于修复像素的源,当选择"取样"选项时,可以使用当前图像中的像素作为取样点,修复图像;当选择"图案"选项时,可以使用某个图案作为取样点,修复图像。在使用此工具设置取样点时,先将光标移动到取样位置上,再按住〈Alt〉键不放,用鼠标左键在取样点的位置上单击,之后释放〈Alt〉键,完成取样操作,如图 1-99 所示。

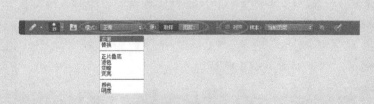

图 1-98　"修复画笔"工具的选项栏

图 1-99　标注图

"对齐"是指选择此复选框后,可以连续对像素进行取样,即使释放鼠标左键也不会丢失当前的取样点;当取消选择此复选框时,则会在每次停止并重新开始绘制时使用初始取样点中的样本像素修复图像。

修复画笔工具的使用方法如下。

第一步,在工具箱中选择"修复画笔"工具。第二步,在"图层"面板中选中需要修复的内容所在图层,并确保图层为可编辑图层。第三步,根据图像情况预设"修复画笔"工具的选项栏。第四步，将光标定位到取样点的区域位置上，再按住〈Alt〉键不放，用鼠标左键在取样点的位置上单击，之后释放〈Alt〉键，完成取样操作。第五步，将光标移动到需要修复的区域位置上，单击或按住鼠标左键不放进行拖曳涂抹，完成图像的修复。

3. 修补工具

此工具可以运用"样本"或"图案"修复图像中不理想的部分，它的使用很多时候是针对大面积的连续修复图像内容。其选项栏主要包括"修补""源"和"目标"3部分，如图1-100所示。其中"修补"包括"正常"和"内容识别"两部分。当选择"源"选项时，用鼠标将"需要修复的目标选区"拖曳到"完好区域"时，释放鼠标后就会用"完好区域"的内容修补"需要修复的目标选区"中的内容，如图1-101所示；当选择"目标"选项时，用鼠标将"完好区域的选区"拖曳到"需要修复的目标"位置上时，释放鼠标以后就会用"完好区域的选区"内容修补"需要修复的目标"内容，示意如图1-102所示。

图1-100 "修补"工具选项栏

图1-101 示意图一

图1-102 示意图二

修补工具的使用方法如下。

第一步，在工具箱中选择"修补"工具。第二步，在"图层"面板中选中需要修复的内容所在图层，并确保图层为可编辑图层。第三步，根据图像情况预设"修补"工具的选项栏，在此以选择"源"选项为例。第四步，将光标移动到"需要修复"的位置上，按住鼠标左键不放，绘制出一个闭合选区，释放鼠标左键，如图1-103所示。第五步，将光标移动到闭合选区以内，按住鼠标左键不放，将"需要修复"的选区内容拖曳到"完好区域"上，示意如图1-104所示，释放鼠标左键，此时闭合选区内的内容会自动被修补，效果如图1-105所示。第六步，将光标移动到菜单栏上，选择"选择"→"取消选择"命令，或按〈Ctrl+D〉组合键以取消虚线选区，效果如图1-106所示。

图1-103 绘制闭合选区

图1-104 拖曳闭合选区

图1-105 图像自动修补效果

图1-106 取消虚线选区

第6步：保存修复后的图像

选择"文件"→"存储为"命令，或按〈Ctrl+Shift+S〉组合键，弹出"另存为"对话

框，选择存储路径并命名文件，将文件的保存类型设置为 JPEG 格式，单击"保存"按钮，完成存储操作。

1.6 常用抠图

导读：图像有时只用到画面中的部分元素内容，这时就需要对原图像进行抠图处理，以保留所用对象，删除多余内容。以下给出的图像中，图 1-107 所示是原图，图 1-108 所示是抠图后的图像效果。

图 1-107　原图像

图 1-108　抠图后的图像效果

图像抠图的操作方法有很多种，本节将学习最常用的图像抠图方法——"钢笔抠图法"，这种抠图方法几乎是一种万能的抠图法。这一方法更加适合抠取图像边界复杂、背景杂乱且所抠取的内容与背景色彩对比不明显的图像。

针对图 1-107 中的画面复杂情况，钢笔抠图的具体操作方法及步骤如下。

第 1 步：打开需要抠图的图像

打开 Photoshop，选择"文件"→"打开"命令，弹出"打开"对话框，或按〈Ctrl+O〉组合键，打开从网盘下载的"Photoshop 图形图像处理实用教程图像库\第 1 章\常用图像抠图练习.jpg"文件，图像窗口显示如图 1-109 所示。

图 1-109　图像文件窗口显示

第 2 步："背景"图层转换为普通图层

在"图层"面板中选择"背景"图层，如图 1-110 所示，按住〈Alt〉键不放，双击"背景"图层，之后释放〈Alt〉键，"背景"图层将直接转换为普通图层，转换后的"图层"面板如图 1-111 所示，此时的图层名称变为"图层 0"。（**小知识 5："背景"图层转换为普通图层**）

图 1-110　选择"背景"图层　　　　　图 1-111　普通图层

第 3 步：选择钢笔工具并对其预设

在工具箱中选择"钢笔"工具，在此工具的选项栏中对其进行预设，选择绘制路径，如图 1-112 所示。

图 1-112　"钢笔"工具选项栏预设

小知识 9：使用钢笔工具绘制路径

钢笔工具是最基本、最常用的绘制路径或形状的工具，它可以绘制出任意形状的路径或形状，包括直线和曲线，其快捷键是键盘上的〈P〉键。

1. 选项栏介绍

在"钢笔"工具的选项栏中可以选择绘制路径或绘制形状。

路径是一种轮廓，不参与输出或打印，效果如图 1-113 所示。可以将路径转换为选区或形状；可以将路径保存到"路径"面板中；可以对其进行描边或填充；可以使用路径作为矢量蒙版隐藏图层区域。图 1-114 所示是选择绘制"路径"选项时的选项栏设置。

图 1-113　路径

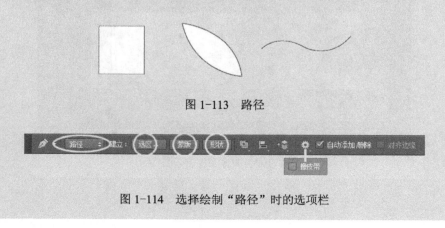

图 1-114　选择绘制"路径"时的选项栏

形状包括"填充"和"描边"两种，参与输出或打印，效果如图 1-115 所示。图 1-116 所示是选择绘制"形状"选项时的选项栏设置，可以在这一选项栏中设置"填充"色彩及"描边"的颜色、粗细等样式。

图 1-115　形状

在选项栏中，若选择了"橡皮带"复选框，移动鼠标时在光标和刚绘制的"锚点"之间会出现一条动态变化的直线或曲线，起到辅助绘制图形的作用。

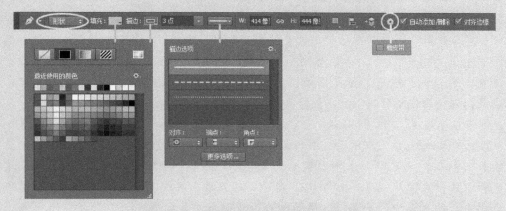

图 1-116　选择绘制"形状"时的选项栏

2. 锚点和方向控制线

"锚点"分布在路径上，两个"锚点"确定一段路径，它标记路径的端点，通过调节"方向控制线"来控制路径的形状，如图 1-117 所示。

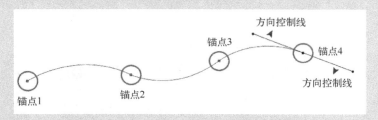

图 1-117　"锚点"和"方向控制线"

3. 使用钢笔工具绘制直线路径

第一步，先选中"钢笔"工具，并在其选项栏中设置绘制路径选项。第二步，将光标移动到画布中，单击以绘制出第一个"锚点"。第三步，移动光标位置，并在这一位置上第二次单击，绘制第二个"锚点"。第四步，用相同的操作方法继续完成更多"锚点"的绘制。在此需要特别注意的是，在绘制直线路径的过程中若按住〈Shift〉键不放，在移动光标位置时，光标将在水平、垂直或 45° 角的方向上移动；若想绘制闭合的直线路径，只需将第一个

"锚点"和最后一个"锚点"首尾相连即可。以下给出的图像中，图 1-118 所示是开放的直线路径效果，图 1-119 所示是闭合的直线路径效果。

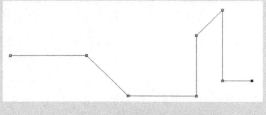
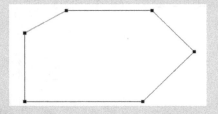

图 1-118　开放的直线路径　　　　　　　　　　图 1-119　闭合的直线路径

4. 使用钢笔工具绘制曲线路径

使用"钢笔"工具绘制曲线路径需要配合〈Alt〉键完成。其操作方法是，第一步，先选中"钢笔"工具，并在其选项栏中设置绘制"路径"选项。将光标移动到画布中，单击以绘制出第一个"锚点"。第二步，移动光标位置，并在这一位置上按住鼠标左键不放，拖曳鼠标绘制出第二个"锚点"，继续保持按住鼠标左键不放，拖曳出两条"方向控制线"，并通过移动鼠标调整曲线路径的弧度，最后释放鼠标左键，效果如图 1-120 所示。第三步，按住〈Alt〉键不放，在第二个"锚点"上单击，此时其中的一条"方向控制线"会隐藏，释放〈Alt〉键，效果如图 1-121 所示。第四步，移动光标位置，并在这一位置上按住鼠标左键不放，绘制出第三个"锚点"，并拖曳鼠标显现两条"方向控制线"，移动鼠标调整曲线路径的弧度，释放鼠标左键，效果如图 1-122 所示。第五步，按住〈Alt〉键不放，在第三个"锚点"上单击，此时其中的一条"方向控制线"会隐藏，最后释放〈Alt〉键。第六步，用相同的操作方法绘制更多"锚点"，若想绘制闭合曲线路径，让最后一个"锚点"和第一个"锚点"首尾相连即可，效果如图 1-123 所示。

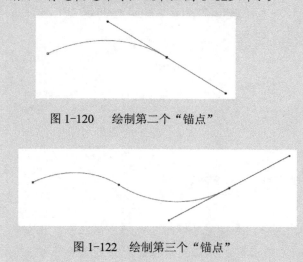

图 1-120　绘制第二个"锚点"　　　　　　　　图 1-121　隐藏一条"方向控制线"

图 1-122　绘制第三个"锚点"　　　　　　　　图 1-123　闭合的曲线路径效果

5. "锚点"位置的调节

在工具箱中选择"直接选择"工具，如图 1-124 所示，将光标移动到需要调节位置的

"锚点"上，按住鼠标左键不放并移动"锚点"位置，最后释放鼠标左键。图 1-126 所示是在图 1-125 的基础上所做的"锚点"移动路径效果。

图 1-124 选择"直接选择"工具

图 1-125 "锚点"移动前的路径形状

图 1-126 "锚点"移动后的路径形状

6. 路径弧度的调节

第一步，在工具箱中选择"直接选择"工具，将光标移动到需要调节弧度的路径两端的一个"锚点"上，单击以显现此段路径的"方向控制线"。第二步，将光标移动到"方向控制线"的端点上，按住鼠标左键不放，调节此段路径的弧度。图 1-128 所示是在图 1-127 的基础上进行调节的路径弧度效果。

图 1-127 调节前的路径形状

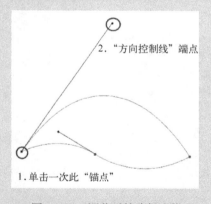

图 1-128 调节后的路径形状

7. 添加"锚点"

在工具箱中选择"添加锚点"工具，如图 1-129 所示，将光标移动到需要添加"锚点"的路径段上，单击即可完成"锚点"的添加。图 1-131 所示是在图 1-130 的基础上添加的新"锚点"路径效果。

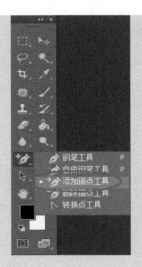

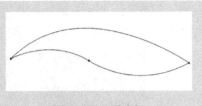

图 1-130　原路径

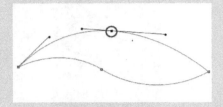

图 1-129　选择"添加锚点"工具　　　　图 1-131　添加新"锚点"

8. 删除"锚点"

在工具箱中选择"删除锚点"工具，如图 1-132 所示，将光标移动到需要删除的"锚点"上，单击即可完成"锚点"的删除操作。图 1-134 所示是在图 1-133 的基础上删除"锚点"后的路径效果。

9. 绘制圆形路径

圆形路径至少由 4 个"锚点"组成。在图 1-135 中，所绘制的苹果边缘路径形状近似圆形，用户可以根据对象的边缘形状适当添加或删除"锚点"，以能绘制出平滑且精准的路径为准。

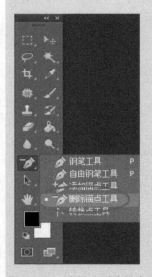

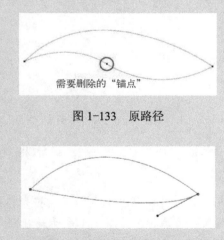

图 1-133　原路径

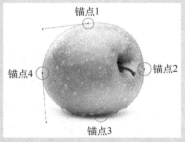

图 1-132　选择"删除锚点"　　图 1-134　删除"锚点"后的路径效果　　图 1-135　苹果边缘路径
　　　　　工具

第 4 步：在人物边缘绘制路径

通过以上小知识的学习，在掌握了"钢笔"工具的使用方法后，开始绘制人物边缘路径。在绘制路径的过程中可以按〈Ctrl++〉组合键放大图像预览或按〈Ctrl+-〉组合键缩小图像预览，以精细绘制路径。其绘制过程如图 1-136～图 1-139 所示，最终的闭合路径效果如图 1-140 所示。（**小知识 9：使用钢笔工具绘制路径**）

图 1-136　过程 1

图 1-137　过程 2

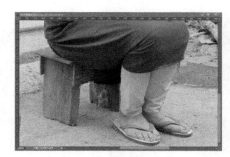
图 1-138　过程 3

图 1-139　过程 4

图 1-140　最终的闭合路径效果

第 5 步：将路径转换为选区

绘制完闭合路径后，将光标移动到图像区域并右击，弹出快捷菜单，如图 1-141 所示，选择"建立选区"命令，如图 1-142 所示。弹出"建立选区"对话框，单击"确定"按钮，如图 1-143 和图 1-144 所示，所绘制的路径就变成了人物轮廓虚线选区。将光标移动到菜单栏，选择"选择"→"反向"命令，选区产生反向变化，效果如图 1-145 所示。

图 1-141　图像中弹出的快捷菜单　　　　　　　　图 1-142　选择"建立选区"命令

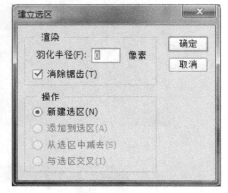

图 1-143　"建立选区"对话框　　　　　　　　　图 1-144　设置"建立选区"对话框

图 1-145　选区反向后的图像效果

第6步：删除虚线选区中的内容

在"图层"面板中确保"图层 0"图层为选中状态，按〈Delete〉键或〈BackSpace〉键以删除选区中的图像内容，效果如图1-146所示。

图1-146　删除选区中的内容后图像呈现效果

第7步：取消虚线选区

将光标移动到菜单栏，选择"选择"→"取消选择"命令，如图1-147所示，或按〈Ctrl+D〉组合键，取消虚线选区，效果如图1-148所示。

图1-147　选择"取消选择"命令　　　　　图1-148　取消选区后的图像效果

第8步：创建新图层

选中"图层 0"图层，单击"图层"面板右下方的"创建新图层"按钮，如图1-149所示，在"图层 0"图层上方创建一个新图层，如图1-150所示，所创建的图层名称为"图层1"。(小知识10：创建普通图层)

小知识10：创建普通图层

在"图层"面板中选中"图层 0"图层，单击"图层"面板右下方的"创建新图层"按钮，或按〈Ctrl+Shift+Alt+N〉组合键，之后在"图层 0"图层上方会出现一个名为"图层1"的新图层，如图1-150所示。

图 1-149 单击"创建新图层"按钮

图 1-150 创建新图层后的"图层"面板

第 9 步：填充背景色彩

在"图层"面板中，将光标移动到"图层 1"图层上，选中该图层，回到工具箱中预设前景色颜色，在此预设如图 1-151 所示（紫色，R：215，G：0，B：200），按〈Alt+Delete〉组合键，填充前景色色彩，填充后的图像效果如图 1-152 所示，填充后的"图层"面板如图 1-153 所示。（小知识 11：为图层填充色彩）

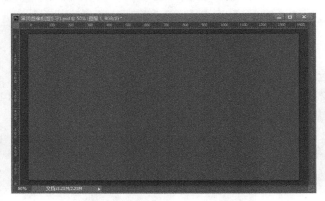

图 1-151 预设　　　　　　　图 1-152 填充后的图像效果　　　　　　　图 1-153 填充后的
前景色色彩　　　　　　　　　　　　　　　　　　　　　　　　　　　　　　"图层"面板

小知识 11：为图层填充色彩

前景色填充：在工具箱中预设好前景色颜色后，选中需要填充色彩的图层，按〈Alt+Delete〉组合键，填充前景色颜色。

背景色填充：在工具箱中预设好背景色颜色后，选中需要填充色彩的图层，按〈Ctrl+Delete〉组合键，填充背景色颜色。

油漆桶工具填充：第一步，先在工具箱中选择"油漆桶"工具，如图 1-154 所示。第二步，在该工具的选项栏中对其进行预设，"油漆桶"工具可以选择填充前景色或"图案"两种，如图 1-155 和图 1-156 所示。第三步，当选择填充前景色时，需要先预设前景色的色彩，再在"图层"面板中选择需要填充颜色的图层，将光标移动到画布中，单击以完成图层前景色的填充；当选择填充"图案"时，在选项栏中选择好需要填充的"图案"，再在"图层"面板中选择需要填充"图案"的图层，将光标移动到画布中，单击以完成图层"图案"的填充。

图 1-154 选择"油漆桶"
工具

34

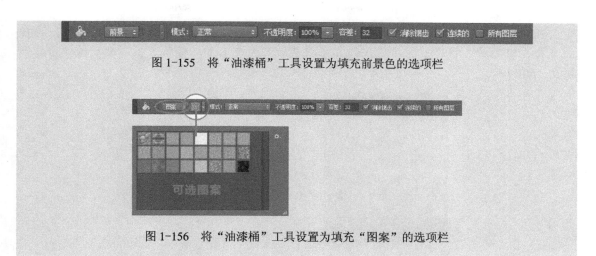

图 1-155　将"油漆桶"工具设置为填充前景色的选项栏

图 1-156　将"油漆桶"工具设置为填充"图案"的选项栏

第 10 步：移动图层顺序

在"图层"面板中选中"图层 1"图层，按住鼠标左键不放，将"图层 1"图层拖曳到"图层 0"图层的下方，操作示意图如图 1-157 所示，移动图层顺序后的"图层"面板如图 1-158 所示，最终的图像效果如图 1-159 所示。（**小知识 12：移动图层顺序**）

图 1-157　移动图层顺序操作示意图

图 1-158　移动图层顺序后的"图层"面板

图 1-159　最终图像效果

在"图层"面板中，将光标移动到需要移动顺序的图层上，单击以选中该图层，再按住鼠标左键不放，将这一图层拖曳到其他图层的上方或下方，释放鼠标左键，操作示意如图 1-160 所示。

图 1-160　图层移动操作示意图

第 11 步：保存抠取的图像

选择"文件"→"存储为"命令，或按〈Ctrl+Shift+S〉组合键，弹出"另存为"对话框，选择好存储路径并命名文件，将文件的保存类型设置为 PSD 格式，以方便后期编辑，单击"保存"按钮，完成存储操作。

1.7　精细抠图

导读：精细抠图法主要运用"通道"来进行抠图，这一抠图方法所针对的图像内容主要是一些细微元素，如头发丝、蕾丝边等。在抠图过程中也配合使用了钢笔工具，这样所抠取的图像效果将更精细自然。以下给出的图像中，图 1-161 所示是原图，图 1-162 所示是运用精细抠图法所抠取的图像，本节内容与"1.6　常用抠图"一节内容相关，用户可以结合两者进行学习。

图 1-161　原图

图 1-162　抠图后的图像效果

针对图 1-161 中的画面复杂情况，精细抠图的具体操作方法及步骤如下。

第 1 步：打开需要抠图的图像

打开 Photoshop，选择"文件"→"打开"命令，弹出"打开"对话框，或按

〈Ctrl+O〉组合键，打开从网盘下载的"Photoshop 图形图像处理实用教程图像库\第 1 章\精细图像抠图练习（通道抠图）.jpg"文件，图像窗口显示如图 1-163 所示。

图 1-163　图像文件窗口显示

第 2 步："背景"图层转换为普通图层

在"图层"面板中选中"背景"图层，如图 1-164 所示，按住〈Alt〉键不放，双击"背景"图层，之后释放〈Alt〉键，"背景"图层将直接转换为普通图层，转换后的"图层"面板如图 1-165 所示，此时的图层名称变为"图层 0"。（**小知识 5："背景"图层转换为普通图层**）

图 1-164　选择"背景"图层

图 1-165　普通图层

第 3 步：复制图像图层

小知识 13：复制图层

在"图层"面板中，将光标移动到"图层 0"图层上，单击以选中该图层。按〈Ctrl+J〉组合键或按住鼠标左键不放将"图层 0"图层拖曳到"图层"面板右下方的"创建新图层"按钮上，图标位置标注如图 1-166 所示，之后释放鼠标左键，实现"图层 0"图层的复制，复制后的新图层会自动出现在"图层 0"图层上方，复制图层后的"图层"面板显示如图 1-167 所示。

图 1-166　"创建新图层"图标位置标注　　　　　图 1-167　复制图层

在"图层"面板中，将光标移动到"图层 0"图层上，单击以选中该图层。按〈Ctrl+J〉组合键复制"图层 0"图层，之后在"图层 0"图层上方出现一个名为"图层 0 拷贝"的新图层，复制图层后的"图层"面板如图 1-167 所示，在此复制图层的目的是防止误删图层后备用图像。

第 4 步：编辑通道

小知识 14：通道

通道、图层和路径是 Photoshop 图像处理软件中非常重要的三大要素。通道的作用是存储图像的颜色信息和选区信息，一般情况下，经常使用通道进行辅助抠图或调色。通道分为颜色通道、Alpha 通道和专色通道，它们均以缩览图的形式出现在"通道"面板中，如图 1-168 所示。

1. 颜色通道

在 Photoshop 图像处理软件中，所打开的图像都具有一定的色彩模式，如 RGB 色彩模式图像、CMYK 色彩模式图像、灰度模式图像和 Lab 色彩模式图像等。不同色彩模式的图像，其通道数量不同，通道所描述图像颜色的方法也不同。例如，RGB 色彩模式的图像，其通道数有 4 个，包括 3 个颜色通道和 1 个复合通道，如图 1-169 所示；CMYK 色彩模式的图像，其通道数有 5 个，包括 4 个颜色通道和 1 个复合通道，如图 1-170 所示；Lab 色彩模式的图像，其通道数有 4 个，包括 1 个明度通道、2 个颜色通道和 1 个复合通道，如图 1-171 所示；灰度模式的图像，只有 1 个灰色通道，如图 1-172 所示。

图 1-168　通道类型　　　　　　　图 1-169　RGB 色彩模式图像通道

每个单通道都可以单独选择或调整，常常借用颜色通道中的图像信息来进行图像抠图或调色。

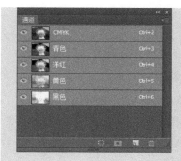

图 1-170　CMYK 色彩模式图像通道　图 1-171　Lab 色彩模式图像通道　图 1-172　灰度模式图像通道

2. Alpha 通道

Alpha 通道用来存储或编辑所绘制的选区，通常以 Alpha 1、Alpha 2、Alpha 3…方式命名，如图 1-173 所示。当一个通道执行完"计算"命令后也会生成 Alpha 通道。

（1）Alpha 通道的特点

Alpha 通道可以添加或删除；可以指定 Alpha 通道的名称、颜色、蒙版选项和不透明度等信息，双击选中的 Alpha 通道，会弹出"通道选项"对话框，在其中设置以上信息，如图 1-174 所示；可以使用绘画和编辑工具在 Alpha 通道中编辑蒙版；可以将绘制的选区存储到 Alpha 通道中，并且可永久保留，重复使用。

图 1-173　Alpha 通道　　　　　　图 1-174　"通道选项"对话框

（2）使用方法

单击"通道"面板右下方的"创建新通道"按钮，如图 1-175 所示，之后会默认创建一个新 Alpha 通道，如图 1-176 所示。若想更改这一新通道的设置，将光标移动到这一通道的缩览图上，位置标注如图 1-177 所示，双击，弹出"通道选项"对话框，在其中更改设置，如图 1-174 所示。

图 1-175　单击"创建新通道"按钮　　图 1-176　创建新通道　　图 1-177　缩览图位置标注

3. 专色通道

专色通道与印刷相关，这种通道可以保存专色信息，即可以作为一个专色版应用到图像和印刷中。通常，彩色印刷品都是通过青色、品红色、黄色和黑色4种原色油墨印制而成，但是由于印刷油墨本身存在杂质或受环境影响，导致所印刷出来的颜色存在一定的偏差，因此人们就会在以上4种原色油墨以外再加印一层其他的颜色，以提亮画质或增强画面效果，这种加印的颜色称为专色油墨。现实生活中所看到的印刷品上的金色、银色和荧光色等油墨就是最常见的专色油墨。

4. 删除通道

方法一：在"通道"面板中选中需要删除的通道，按住鼠标左键不放，将其拖曳到"删除当前通道"按钮上，位置如图1-178所示，之后释放鼠标左键，完成通道的删除。

方法二：在"通道"面板中选中需要删除的通道，将光标移动到这一通道上并右击，在弹出的快捷菜单中选择"删除通道"命令，如图1-179所示，完成通道的删除。

图1-178 "删除当前通道"图标位置标注　　图1-179 选择"删除通道"命令

5. 复制通道

方法一：在"通道"面板中选中需要复制的通道，按住鼠标左键不放，将其拖曳到"创建新通道"按钮上，之后释放鼠标左键，操作示意图如图1-180所示，完成通道的复制，复制后的"通道"面板如图1-181所示。

方法二：在"通道"面板中选中需要复制的通道，将光标移动到这一通道上并右击，在弹出的快捷菜单中选择"复制通道"命令，如图1-182所示，完成通道的复制。

图1-180 操作示意图　　图1-181 复制通道后的"通道"面板　　图1-182 选择"复制通道"命令

6. 绘制选区创建通道并存储选区

第一步，在图像中绘制出虚线选区，如图 1-183 所示。第二步，选择"选择"→"存储选区"命令，如图 1-184 所示，弹出如图 1-185 所示的"存储选区"对话框，在其中将通道命名为"人物"，单击"确定"按钮，会在"通道"面板的下方多出一个名称为"人物"的新通道，如图 1-186 所示，此时所绘制的虚线选区内容就存储在"人物"通道中了。

图 1-183　绘制虚线选区　　　　　　　图 1-184　选择"存储选区"命令

图 1-185　"存储选区"对话框　　　　　图 1-186　"人物"新通道

7. 将已经存储的选区重新载入图像

方法一：在"通道"面板中选中"人物"通道，如图 1-187 所示，之后选择"选择"→"载入选区"命令，如图 1-188 所示，弹出如图 1-189 所示的"载入选区"对话框，单击"确定"按钮，完成选区的载入，虚线选区效果如图 1-190 所示。

图 1-187　选中"人物"通道

方法二：在"通道"面板中选中"人物"通道，按住〈Ctrl〉键不放，单击"人物"通道上的缩览图，位置标注如图 1-191 所示，之后释放〈Ctrl〉键，完成选区的载入，虚线选区效果如图 1-190 所示。

图 1-188　选择"载入选区"命令

图 1-189　"载入选区"对话框

图 1-190　虚线选区效果

图 1-191　缩览图位置标注

检查并确保"图层"面板中的"图层 0 拷贝"图层处于选中状态，选择"窗口"→"通道"命令，如图 1-192 所示，打开"通道"面板，如图 1-193 所示。

图 1-192　选择"通道"命令

图 1-193　"通道"面板

切换到"通道"面板，分别单击红、绿、蓝 3 个单通道，观察每个单通道所呈现出来的图像效果，如图 1-194～图 1-196 所示，可以发现红色通道所呈现出来的图像黑白对比效果最为明显。在此需要特别注意的是，在后续的抠图中，图像的黑白对比效果越明显，越容易完成抠图。

图 1-194　红色通道呈现出来的图像黑白对比效果

图 1-195　绿色通道呈现出来的图像黑白对比效果

图 1-196　蓝色通道呈现出来的图像黑白对比效果

在"通道"面板中，将光标移动到红色通道上，单击以选中该通道，将其拖曳到"通道"面板右下方的"创建新通道"图标上，操作示意如图 1-197 所示。此时在蓝色通道下方多出一个名称为"红 拷贝"的新通道，如图 1-198 所示。

图 1-197　操作示意图

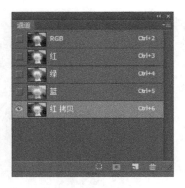
图 1-198　复制红色通道后的"通道"面板

选中"红 拷贝"通道，选择"图像"→"计算"命令，如图 1-199 所示。弹出"计算"对话框，将"混合"设置为"叠加"或"强光"模式。在此需要特别注意的是，这两种模式可以让图像中的黑色区域更黑，白色区域更白。在此选择"叠加"模式，单击"确定"按钮，如图 1-200 所示。

图 1-199　选择"计算"命令

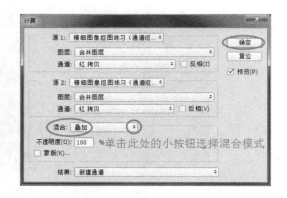
图 1-200　"计算"对话框预设

此时，在"通道"面板最下方生成一个名称为 Alpha 1 的新通道，且图像效果也发生了变化，图像中的黑色区域更黑，白色区域更白，黑白对比十分明显，效果如图 1-201 所示。在此需要特别注意的是，也可"计算"多次，根据图像效果确定。

图 1-201　Alpha 1 通道所呈现出来的图像黑白对比效果

画面中的白发是要抠取的部分对象，所以要想办法删除白发以外的画面内容。回到工具箱中，将前景色的颜色设置为"黑色"，并选择"画笔"工具，如图 1-202 所示。在"画笔"工具的选项栏中对其进行预设，选择一支边缘柔和的画笔笔刷，将"不透明度"设置为30%，具体预设如图 1-203 所示。

图 1-202　选择"画笔"工具

图 1-203　"画笔"工具选项栏预设

涂抹背景。预设好"画笔"工具后，检查并确保"通道"面板中的 Alpha 1 通道处于选中状态，将光标移动到图像中的白发以外区域，不断按下鼠标左键在背景区域进行涂抹，将其涂抹成黑色。在此需要特别注意的是，在处理背景与发梢交界处时，可以适当缩小画笔笔刷，这样不至于涂抹得过于生硬；处理背景与发梢非交界区域时，可以将画笔的"不透明度"调整到 100%并放大笔刷进行涂抹，以节约操作时间。涂抹过程如图 1-204～图 1-206所示。

在操作的过程中可以按〈Ctrl++〉组合键，放大图像预览；也可以按〈Ctrl+-〉组合键，缩小图像预览，通过放大或缩小图像预览来更加精确地编辑图像。（**小知识 21：放大或缩小图像预览**）

图 1-204　涂抹过程 1　　　　　　图 1-205　涂抹过程 2　　　　　　图 1-206　涂抹过程 3

涂抹人物。将杂乱背景涂抹成黑色后，再将人物涂抹成白色。按〈X〉键，或单击工具箱中前景色与背景色处右上方的"弯曲双向箭头"图标，位置标注如图 1-207，以交换前景色与背景色的颜色，再次选择"画笔"工具，如图 1-208 所示。在"画笔"工具的选项栏中对其进行预设，选择一支边缘柔和的画笔，将"不透明度"设置为 100%，具体预设如图 1-209所示。

图 1-207 "弯曲双向 图 1-208 选择"画笔"工具 图 1-209 "画笔"工具选项栏预设
箭头"图标位置标注

　　检查并确保"通道"面板中的 Alpha 1 通道为选中状态,将光标移动到图像区域,不断按下鼠标左键在图像中的人物区域进行涂抹,将其涂抹成白色,涂抹过程如图 1-210～图 1-212所示。

图 1-210 涂抹过程 1 　　　图 1-211 涂抹过程 2 　　　图 1-212 涂抹过程 3

　　将白色区域变换成选区。检查并确保"通道"面板中的 Alpha 1 通道处于选中状态,选择"选择"→"载入选区"命令,如图 1-213 所示,弹出"载入选区"对话框,单击"确定"按钮,如图 1-214 所示,此时图像中的白色区域就变成了虚线选区,效果如图 1-215所示。

图 1-213 选择"载入选区" 　　图 1-214 "载入选区"对话框 　　图 1-215 白色区域变换成
　　　命令 　　　　　　　　　　　　　　　　　　　　　　　　　　　　选区后的图像效果

第5步：载入选区

在"通道"面板中，选择 RGB 混合通道，使图像复原成彩色效果，如图 1-216 所示。

图 1-216　选择 RGB 混合通道

切换到"图层"面板，按两次〈Ctrl+J〉组合键复制选区内容。此时生成两个名称分别为"图层 1"和"图层 1 拷贝"的新图层，虚线选区消失，如图 1-217 所示。

图 1-217　复制两次选区内容

将最下面的两个图层隐藏，会发现所抠取出来的白色头发发梢处是灰色的，如图 1-218 所示，接下来处理灰色发梢。

图 1-218　灰色发梢效果

第 6 步：灰发变白发

在"图层"面板中选中"图层 1 拷贝"图层，按〈Ctrl+L〉组合键，或选择"图像"→"调整"→"色阶"命令，如图 1-219 所示，弹出"色阶"对话框，在其中将中间的灰度滑块拉向黑色滑块，单击"确定"按钮，操作如图 1-220 和图 1-221 所示，图像效果如图 1-222 所示。（**小知识 40：色阶**）

图 1-219　选择"色阶"命令

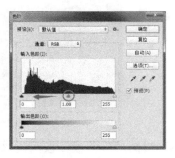

图 1-220　操作示意图

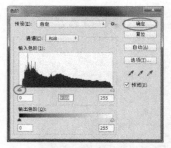

图 1-221　设置"色阶"对话框

图 1-222　图像效果

第 7 步：创建"背景"图层并填充色彩

在"图层"面板中选中隐藏的"图层 0 拷贝"图层，单击右下方的"创建新图层"按钮，如图 1-223 所示，在"图层 0 拷贝"图层上方出现一个名称为"图层 2"的空图层，如图 1-224 所示。或按〈Shift+Ctrl+N〉组合键，弹出"新建图层"对话框，将"名称"设置为"背景"，单击"确定"按钮，如图 1-225 所示，此时的"图层"面板如图 1-226 所示。

图 1-223　单击"创建新图层"按钮

图 1-224　创建新图层以后的"图层"面板

图 1-225 "新建图层"对话框　　　图 1-226 "图层"面板

　　填充背景色彩。在工具箱中设置前景色的颜色，用户自行选定色彩，在此设置如图 1-227 所示，选中"图层 2"图层，按〈Alt+Delete〉组合键，填充前景色色彩，填充后的图像效果如图 1-228 所示，"图层"面板显示如图 1-229 所示。（**小知识 11：图层填充色彩**）（**小知识 17：前景色与背景色**）

图 1-227　预设前景色色彩　　　　图 1-228　图像效果　　　　图 1-229 "图层"面板

第 8 步：处理人物面部及衣服

　　选中"图层 1 拷贝"图层，单击"图层"面板下方的"添加图层蒙版"按钮，如图 1-230 所示，此时在"图层缩览图"右侧多出一个白色的"图层蒙版缩览图"，如图 1-231 所示。

图 1-230　单击"添加图层蒙版"按钮　　　图 1-231 "图层"面板

在工具箱中选择"画笔"工具 ✐ ，在其选项栏中预设画笔，设置"大小""硬度""不透明度"及"流量"，用户可以根据图像情况自行设置参数，在此设置如图 1-232 所示，再把前景色的颜色设置为黑色，如图 1-233 所示。（**小知识 17：前景色与背景色**）（**小知识 25：画笔工具**）

图 1-232 "画笔"工具选项栏预设　　　　　　　　　　图 1-233 设置前景色

选中"图层 1 拷贝"图层右侧的"图层蒙版缩览图"，将光标移动到人物面部和衣服区域，用黑色画笔按住鼠标左键不放进行涂抹，操作过程如图 1-234 和图 1-235 所示。在此需要特别注意的是，在图层蒙版上涂抹黑色时，如果不小心涂抹过量，只需把前景色的颜色更改为白色，再次使用"画笔"工具在图层蒙版上涂抹白色，即可显示出图像，最终的图像效果如图 1-236 所示。（**小知识 37：图层蒙版**）

图 1-234 涂抹过程 1

图 1-235 涂抹过程 2

图 1-236 最终图像效果

50

第 9 步：保存抠取的图像

选择"文件"→"存储为"命令，或按〈Ctrl+Shift+S〉组合键，弹出"另存为"对话框，选择存储路径并命名文件，将文件的保存类型设置为 PSD 格式，以方便后期编辑，单击"保存"按钮，完成存储操作。

1.8 移除多余内容

导读：摄影摄像时，因场景繁杂，经常会拍摄到一些画面本身并不需要的内容，这些繁杂的内容直接影响了画面中主体的呈现效果，此时就需要用 Photoshop 对多余内容进行移除。以下给出的几组图像中，图 1-237、图 1-239 和图 1-241 所示为原图像效果，图 1-238、图 1-240 和图 1-242 所示为多余内容移除后的图像效果。

图 1-237　原图 1　　图 1-238　多余内容移除　　图 1-239　原图 2　　图 1-240　多余内容移除
　　　　　　　　　　　　后的图像效果 1　　　　　　　　　　　　　　后的图像效果 2

　　　　图 1-241　原图 3　　　　　　　　　　图 1-242　多余内容移除后的图像效果 3

用 Photoshop 移除图像中多余内容的操作方法有多种，本节通过 3 个案例来掌握常用的 3 种处理方法。分别是使用"橡皮擦"工具移除、使用"仿制图章"工具移除和运用"内容识别"命令移除。

1.8.1 使用"橡皮擦"工具移除

针对图 1-237 中的画面复杂情况，使用"橡皮擦"工具移除多余内容的具体操作方法及步骤如下。

第 1 步：打开需要移除多余内容的图像

打开 Photoshop，选择"文件"→"打开"命令，弹出"打开"对话框，或按〈Ctrl+O〉组合键，打开从网盘下载的"Photoshop 图形图像处理实用教程图像库\第 1 章\移除图像中多余内容练习-使用橡皮擦工具.jpg"文件，图像窗口显示如图 1-243 所示。

图 1-243　图像文件窗口显示

第 2 步：使用"吸管"工具拾取背景色彩当作前景色使用

小知识 15：吸管工具

"吸管"工具在工具箱中的位置如图 1-244 所示，使用此工具可以采集画面中的色彩当作前景色或背景色。默认情况下，吸取色彩后变化的是前景色，如图 1-245 所示，若想让所采集的色彩当作背景色使用，在使用此工具采集色彩的过程中按住〈Alt〉键，背景色就会产生变化，如图 1-246 所示。

图 1-244　"吸管"工具在
　　　　　工具箱中的位置

图 1-245　做前景色

图 1-246　做背景色

1. 选项栏介绍

"吸管"工具的选项栏包括："取样大小""样本"和"显示取样环"3部分，如图1-247所示，用户可以根据图像情况合理地预设选项栏。

图1-247 "吸管"工具选项栏

"取样大小"是指此工具取样的范围大小，如当选择"5×5平均"选项时，如图1-248，表示"吸管"工具可以选择所在位置5个像素区域以内的平均色彩。

"样本"是指拾取色彩样本所在的图层设置，可以从"当前图层""当前和下方图层""所有图层""所有无调整图层"及"当前和下一个无调整图层"中拾取色彩样本，如图1-249所示。

"显示取样环"是指在拾取色彩时若选择此复选框，可以显示取样环，显示取样环效果如图1-250所示。

图1-248 "取样大小"预设选项

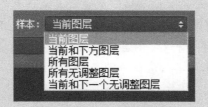

图1-249 "样本"预设选项

图1-250 显示取样环

2. 使用方法

在工具箱中选择"吸管"工具，将光标移动到图像区域。若想把在图像中采集到的色彩当作前景色使用，只需将光标定位到需要采集色彩的位置上并单击，即可完成前景色色彩的采集；若想把在图像中采集到的色彩当作背景色使用，将光标定位到需要采集色彩的位置上后，先按住〈Alt〉键不放，再单击，之后释放〈Alt〉键，即可完成背景色色彩的采集。

通过以上小知识的学习，掌握了"吸管"工具的使用方法后，在工具箱中先选择此工具。在选项栏中预设此工具，将"取样大小"设置为"取样点"，将"样本"设置为"当前图层"，选择"显示取样环"复选框，如图1-251所示。

图1-251 "吸管"工具选项栏预设

将光标定位在蓝色背景上，具体位置标注如图1-252所示，单击以拾取"取样点"处的色彩，此时工具箱中前景色的颜色变成了"取样点"处的颜色（蓝色），如图1-253所示。

图 1-252　位置标注　　　　　　　　　　　　图 1-253　前景色

第 3 步：使用"橡皮擦"工具移除多余内容（第一次）

小知识 16：橡皮擦工具

　　"橡皮擦"工具是擦除工具中的一种，主要用来擦除画面中的内容。使用此工具，可以把将要擦除的内容变为背景色颜色或呈现透明效果，其在工具箱中的位置如图 1-254 所示。

　　如果此工具是在锁定的"背景"图层中使用，图层中将要擦除的内容将变成背景色的颜色，如图 1-255 所示；如果此工具是在未锁定的普通图层中使用，图层中将要擦除的内容将变成透明效果，如图 1-256 所示。

图 1-254　"橡皮擦"　　　　　图 1-255　在锁定的　　　　　图 1-256　在未锁定的
工具在工具箱中的位置　　　　　"背景"图层中使用　　　　　　普通图层中使用

　　"橡皮擦"工具选项栏包括"模式""不透明度"和"流量"3 部分，如图 1-257 所示。用户可以根据图像情况合理地预设参数。

　　"模式"用来预设此工具的种类，"模式"种类不同，擦除效果也不同；"不透明度"用来预设擦除强度；"流量"用来预设擦除速度。

图 1-257 "橡皮擦"工具选项栏

在工具箱中选择"橡皮擦"工具，如图 1-254 所示。在其选项栏中预设参数，将"模式"设置为"画笔"，并选择一支边缘柔和的画笔笔刷，将"不透明度"和"流量"均设置为 100%，如图 1-258 所示。

图 1-258 "橡皮擦"工具选项栏预设

小知识 17：前景色与背景色

前景色与背景色位于工具箱底部，默认情况下，前景色为黑色，背景色为白色。恢复默认的前景色与背景色色彩的快捷操作方法是按〈D〉键或单击"恢复默认前景色与背景色"图标，位置标注如图 1-259 所示。

图 1-259 前景色与背景色

1. 前景色与背景色色彩交换

按〈X〉键或单击"前景色与背景色交换"图标，图标位置标注如图 1-259 所示。

2. 前景色与背景色色彩预设

在工具箱中，将光标移动到前景色或背景色位置上并双击，弹出"拾色器（前景色）"对话框或"拾色器（背景色）"对话框，如图 1-260 和图 1-261 所示。在"拾色器"对话框中所标注的"1"处区域，单击或按住鼠标左键不放并移动光标拾取颜色，也可以滑动"2"处区域的色彩滑块修改颜色。"3"处区域的多组数值是指当前所拾取的色彩在不同"颜色模式"下的具体数值，预设好颜色后，单击"确定"按钮，完成前景色或背景色的色彩预设，如图 1-262 所示。

图 1-260 "拾色器（前景色）"对话框

图 1-261 "拾色器（背景色）"对话框

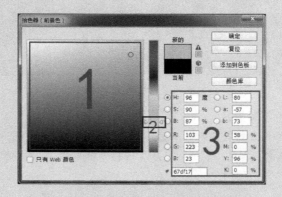

图 1-262 "拾色器"对话框区域标注

　　交换前景色与背景色色彩。回到工具箱中，按〈X〉键，交换前景色与背景色的色彩，色彩交换前后对比如图 1-263 和图 1-264 所示。

图 1-263　色彩交换前　　　　　　　　图 1-264　色彩交换后

交换完前景色与背景色色彩后，将光标定位到需要移除的内容区域，标注如图 1-265 所示，按住鼠标左键不放，用"橡皮擦"工具在移除区域上涂抹，释放鼠标左键，效果如图 1-266 所示。

图 1-265　需要移除内容区域标注

图 1-266　最终图像效果

第 4 步：保存移除多余内容后的图像

选择"文件"→"存储为"命令，或按〈Ctrl+Shift+S〉组合键，弹出"另存为"对话框，选择存储路径并命名文件，将文件的保存类型设置为 JPEG 格式，单击"保存"按钮，完成存储操作。

1.8.2　使用"内容识别"命令移除

针对图 1-239 中的画面复杂情况，使用"内容识别"命令移除多余内容的具体操作方法及步骤如下。

第 1 步：打开需要移除多余内容的图像

打开 Photoshop，选择"文件"→"打开"命令，弹出"打开"对话框，或按〈Ctrl+O〉组合键，打开从网盘下载的"Photoshop 图形图像处理实用教程图像库\第 1 章\移除图像中多余内容练习-使用内容识别命令.jpg"文件，图像窗口显示如图 1-267 所示。

图 1-267　图像文件窗口显示

第 2 步：使用"套索"工具绘制选区

小知识 18：套索工具

"套索"工具的作用是绘制选区，分为 3 种，分别是"套索"工具"多边形套索"工具和"磁性套索"工具，位置标注如图 1-268 所示。用户可根据图像情况选择合适的"套索"工具绘制选区。

1. 套索工具

使用"套索"工具可以自由绘制形状不规则的选区，其使用方法是，先选择此工具，再将光标移动到图像区域中，按住鼠标左键不放，拖曳鼠标绘制虚线选区，操作过程如图 1-269 所示，释放鼠标左键后自动形成闭合选区，效果如图 1-270 所示。

图 1-268　3 种"套索"工具　　　图 1-269　绘制选区过程　　　图 1-270　闭合选区效果
在工具箱中的位置

在此需要特别注意的是，在按下鼠标左键绘制不规则选区的过程中，若按住〈Alt〉键不放，释放鼠标左键，会自动切换到"多边形套索"工具；若在释放〈Alt〉键之前按住鼠标左键不放，将切换回"套索"工具。用户可以搭配使用两种工具，以精准绘制选区。

2. 多边形套索工具

使用"多边形套索"工具绘制的虚线选区形状是边缘规则的直线选区，其使用方法是，先选择此工具，再把光标移动到图 1-271 中的"1"处位置并单击，此时光标会拉出一条一个端点被固定的直线。接着再将光标移动到"2"处位置并单击，此时光标又会拉出一条一个端点被固定的直线。重复以上操作，分别在"3""4"和"1"处位置上单击，让其首尾相连，最后释放鼠标左键，绘制的选区效果如图 1-272 所示。

在此需要特别注意的是，在使用"多边形套索"工具绘制规则选区的过程中，若按住〈Shift〉键不放，光标将在水平、垂直或 45° 角的方向上移动，所绘制的虚线选区效果如图 1-273 所示。

在绘制虚线选区的过程中，按〈Delete〉键可恢复到上一步操作。

在1、2、3、4的
实心点处点击一次
鼠标左键，在直线
处松开鼠标左键

| 图1-271　位置标注 | 图1-272　绘制的选区效果 | 图1-273　配合〈Shift〉键绘制的选区效果 |

3. 磁性套索工具

"磁性套索"工具可以自动识别图像对象边界，尤其适合快速选择与背景色彩对比较为强烈的对象。在使用此工具的过程中，它会自动吸附在对象的边界上。其使用方法是，先选择此工具，在起点处单击，之后沿着对象的边界缓慢移动光标，最后在首尾相接处单击，形成闭合选区，操作过程如图1-274和图1-275所示。

| 图1-274　过程1（移动光标过程） | 图1-275　过程2（形成选区效果） |

在此需要特别注意的是，在使用"磁性套索"工具绘制选区的过程中，若按住〈Alt〉键不放，释放鼠标左键，会自动切换到"多边形套索"工具；若在释放〈Alt〉键之前按住鼠标左键不放，将切换回"磁性套索"工具，用户可以搭配使用两种工具，以精准绘制选区。在绘制虚线选区的过程中，按〈Delete〉键将依次完成删除。

选项栏介绍：通过设置"磁性套索"工具选项栏中的"宽度""对比度"和"频率"等参数，可以预设此工具，如图1-276所示，其中"频率"数值越大，边缘线上的点越密集。

羽化：0像素　✓消除锯齿　宽度：50像素　对比度：50%　频率：100

图1-276　"磁性套索"工具选项栏

在工具箱中选择"套索"工具，如图 1-277 所示，在选项栏中预设此工具，将"羽化"设置为 0 像素，如图 1-278 所示。

将光标移动到图像中的人物区域，按住鼠标左键不放，在图像中拖曳鼠标绘制出图 1-279 所示的选区，释放鼠标左键。

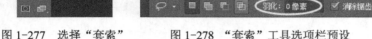

图 1-277　选择"套索"　　　图 1-278　"套索"工具选项栏预设　　　图 1-279　第一次绘制选区效果
　　　　　工具

第 3 步：移除多余内容

选择"编辑"→"填充"命令，或按〈Shift+F5〉组合键，弹出"填充"对话框，如图 1-280 所示。在"使用"下拉列表框中选择"内容识别"选项，如图 1-281 所示，单击"确定"按钮，图像效果如图 1-282 所示。（**小知识 19：内容识别**）

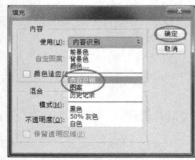

图 1-280　"填充"对话框　　　图 1-281　选择"内容识别"选项　　　图 1-282　图像效果

小知识 19：内容识别

对图像中的某一区域进行覆盖填充时，Photoshop 会自动分析选区周围图像的特点，选择边缘部分的颜色或图案进行智能融合填充，以产生快速无缝的拼接效果，填充后的图像效果自然、逼真。

第 4 步：取消虚线选区

将光标移动到菜单栏上，选择"选择"→"取消选择"命令，如图 1-283 所示，或按〈Ctrl+D〉组合键，取消虚线选区，效果如图 1-284 所示。

图 1-283　选择"取消选择"命令　　　　　图 1-284　取消选区后的图像效果

第 5 步：重复第 2～4 步操作，继续移除内容（第二次）

在图 1-284 的基础上，重复第 2～4 步的操作步骤，继续移除多余人物，过程如图 1-285～图 1-287 所示。

图 1-285　绘制选区　　　图 1-286　"内容识别"后的图像效果　　　图 1-287　取消选区后的图像效果

第 6 步：重复第 2～4 步操作，继续移除内容（第三次）

在图 1-287 的基础上，重复第 2～4 步的操作步骤，继续移除多余人物，过程如图 1-288～图 1-290 所示。

图 1-288　绘制选区　　　图 1-289　"内容识别"后的图像效果　　　图 1-290　取消选区后的图像效果

第7步：保存移除多余内容后的图像

选择"文件"→"存储为"命令，或按〈Ctrl+Shift+S〉组合键，弹出"另存为"对话框，选择存储路径并命名文件，将文件的保存类型设置为 JPEG 格式，单击"保存"按钮，完成存储操作。

1.8.3 使用"仿制图章"工具移除

针对图 1-241 中的画面复杂情况，使用"仿制图章"工具移除多余内容的具体操作方法及步骤如下。

第1步：打开需要移除多余内容的图像

打开 Photoshop，选择"文件"→"打开"命令，弹出"打开"对话框，或按〈Ctrl+O〉组合键，打开从网盘下载的"Photoshop 图形图像处理实用教程图像库\第 1 章\移除图像中多余内容练习-使用仿制图章工具.jpg"文件，图像窗口显示如图 1-291 所示。

图 1-291　图像文件窗口显示

第2步：使用"仿制图章"工具移除多余内容

小知识 20："仿制图章"工具

"仿制图章"工具在工具箱中的位置如图 1-292 所示。使用此工具可以将图像中的部分或全部内容复制到同一图像中的另一个位置（原先内容被覆盖）或复制到同一文件的不同图层中，或者复制到拥有相同颜色模式的其他打开的文件中。使用此工具时需要配合使用键盘上的〈Alt〉键，定义复制源点。

1. 选项栏介绍

"仿制图章"工具的选项栏主要包括"图章形状画笔""模式""不透明度""流量""对齐"和"样本"6部分，如图 1-293 所示。

"图章形状画笔"用来预设"仿制图章"工具的形状、大小和软硬度等；"样本"用来预设"仿制图章"工具在哪些图层中选择复制样本，包括"当前图层""当前和下方图层"和"所有图层"3 个选项；选择"对齐"复选框后，可以连续对像素进行取样。

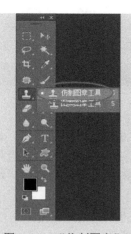

图1-292 "仿制图章"
工具在工具箱中的位置

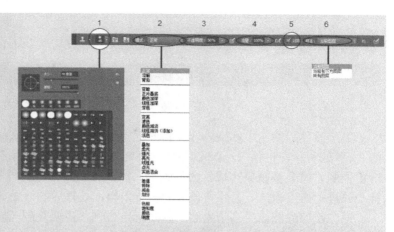

图1-293 "仿制图章"工具选项栏

2. 使用方法

第一步，选择此工具并对其进行预设。第二步，将光标定位到"需要复制区域"的位置上，如图1-294中的"1"处所示。第三步，按住〈Alt〉键不放，同时在"需要复制区域"的位置上单击以定义复制源点，释放〈Alt〉键。第四步，将光标定位到"将要被覆盖区域"的位置上，如图1-294中的"2"处所示，单击或按住鼠标左键不放进行拖曳涂抹，去除背景上的多余内容，处理后的效果如图1-295所示。

图1-294 "需要复制区域"与"将要被覆盖区域"位置标注

图1-295 处理后的图像效果

在工具箱中选择"仿制图章"工具,在其选项栏中对其进行预设,如图 1-296 所示。

图 1-296 "仿制图章"工具选项栏预设

第一次移除图像中多余内容。将光标定位到"需要复制区域"的位置上,如图 1-294 中的"1"处所示,按住〈Alt〉键不放,同时单击以定义复制源点,释放〈Alt〉键。之后将光标定位到"将要被覆盖区域"的位置上,如图 1-294 中的"2"处所示,单击或按住鼠标左键不放进行拖曳涂抹,去除背景上的多余内容,处理后的效果如图 1-295 所示。

第二次移除图像中多余内容。将光标定位到"需要复制区域"的位置上,如图 1-297 中的"3"处所示,按住〈Alt〉键不放,同时单击以定义复制源点,释放〈Alt〉键。再将光标定位到"将要被覆盖区域"的位置上,如图 1-297 中的"4"处所示,单击或按住鼠标左键不放进行拖曳涂抹,以去除背景上的多余内容,处理后的效果如图 1-298 所示。(**小知识 21:放大或缩小图像预览**)

图 1-297 "需要复制区域"与"将要被覆盖区域"位置标注

图 1-298 处理后的图像效果

在此需要特别注意的是,在使用"仿制图章"工具进行操作的过程中,按〈[〉键可以放大此工具;按〈]〉键可以缩小此工具。也可以在"仿制图章"工具的选项栏中对其大小进行调节。按〈Ctrl++〉组合键，会放大图像预览，如图 1-299 所示；若按〈Ctrl+-〉组合键，会缩小图像预览，如图 1-300 所示，通过放大或缩小图像预览以更加精确地移除或覆盖图像中的内容。

图 1-299　放大图像预览　　　　　　　　　　　图 1-300　缩小图像预览

小知识 21：放大或缩小图像预览

常用的放大或缩小图像预览的操作方法有两种。放大后的图像预览窗口如图 1-299 所示，缩小后的图像预览窗口如图 1-300 所示。

方法一：按〈Ctrl++〉组合键将放大图像预览，按〈Ctrl+-〉组合键将缩小图像预览。

方法二：在工具箱中选择"缩放"工具，如图 1-301 所示。在"缩放"工具的选项栏中选择"放大"或"缩小"功能，如图 1-302 所示。再将光标移动到图像区域并单击，以实现图像的放大或缩小预览。

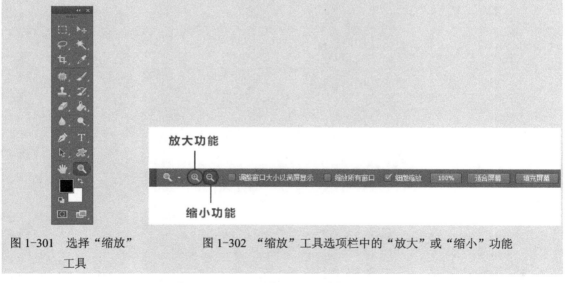

图 1-301　选择"缩放"　　　　图 1-302　"缩放"工具选项栏中的"放大"或"缩小"功能
　　　　　工具

完成其他多余内容的移除。在图 1-298 的基础上，重复以上操作，完成剩余内容的移除操作，最终的图像效果如图 1-303 所示。

图 1-303　最终的图像效果

第 3 步：保存移除多余内容后的图像

　　选择"文件"→"存储为"命令，或按〈Ctrl+Shift+S〉组合键，弹出"另存为"对话框，选择存储路径并命名文件，将文件的保存类型设置为 JPEG 格式，单击"保存"按钮，完成存储操作。

第2章 人 像 处 理

本章中的案例内容主要针对人像图像进行处理，相对第 1 章而言，其操作难度略有提高，处理思路及过程更加综合全面。通过本章案例的学习，可以解决人像中的图像缺陷问题，如通过给画面中的人物进行红眼去除、皱纹去除、美妆、着装替换、动作调整或瘦身等处理，使人物主体更加鲜明，以满足观赏者或用户的视觉需求和心理需求。

2.1 去除红眼

导读：在学习本节案例之前，先来了解一下出现红眼的原因。在光线较暗的环境中，相机闪光灯发出的光照射到人或动物的眼睛后，会经过眼睛反射回镜头。因为光线较暗，所以眼睛瞳孔会放大，眼睛的视网膜上有许多密密麻麻的微细血管，这些微细血管是红色的，所以反射回镜头的光也是红色的，在照片上就呈现出红眼，红眼效果如图 2-1 所示，眼球色彩偏红色。去除红眼后的效果如图 2-2 所示，眼球色彩为黑色。

图 2-1　红眼效果　　　　　　　　图 2-2　去除红眼后的效果

针对图 2-1 中的人物红眼情况，去除红眼的具体操作方法及步骤如下。

第 1 步：打开需要去除红眼的图像

打开 Photoshop，选择"文件"→"打开"命令，弹出"打开"对话框，或按〈Ctrl+O〉组合键，打开从网盘下载的"Photoshop 图形图像处理实用教程图像库\第 2 章\人像去除红眼练习.jpg"文件，图像窗口显示如图 2-3 所示。

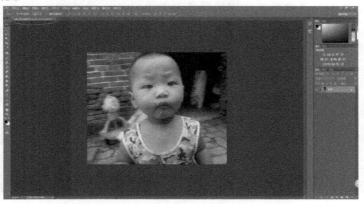

图 2-3　图像文件窗口显示

第 2 步：去除红眼

小知识 22：红眼工具

"红眼"工具在工具箱中的位置如图 2-4 所示，此工具的作用是去除开启相机闪光灯时拍摄到的人物或动物图像中的红眼，也可以去除开启相机闪光灯时拍摄到的图像中的白色或绿色反光。

1. 选项栏介绍

"红眼"工具选项栏包括"瞳孔大小"和"变暗量"两部分，用户可以根据图像情况合理地设置此工具的参数，一般情况下使用默认的参数即可，如图 2-5 所示。

图 2-4 "红眼"工具在工具箱中的位置   图 2-5 "红眼"工具选项栏

2. 使用方法

先在工具箱中选择"红眼"工具，将光标移动到图像区域，光标形状产生变化，之后将光标定位到眼球的中心位置并单击，完成红眼的去除。

在工具箱中选择"红眼"工具，并对其进行预设，参数设置如图 2-5 所示。按〈Ctrl++〉组合键放大图像预览，之后将光标定位到人物右眼球的中心位置，如图 2-6 所示，单击以完成右眼红眼的去除，效果如图 2-7 所示。用相同的操作方法，再将光标定位到左眼球的中心位置，单击以完成左眼红眼的去除，最终的图像效果如图 2-8 所示。（**小知识 22：红眼工具**）（**小知识 21：放大或缩小图像预览**）

图 2-6 眼球中心位置标注   图 2-7 右眼去除红眼后的效果

图 2-8　去除红眼后的最终图像效果

第 3 步：保存去除红眼后的图像

选择"文件"→"存储为"命令，或按〈Ctrl+Shift+S〉组合键，弹出"另存为"对话框，选择存储路径并命名文件，将文件的保存类型设置为 JPEG 格式，单击"保存"按钮，完成存储操作。

2.2　去皱、祛斑、祛痘及美白

导读：良好的个人形象能够给企业或他人留下深刻的第一印象，有时，看上去让人感觉舒适的照片也可以作为进入职场的敲门砖。斑点、青春痘、皱纹或皮肤泛黄等皮肤瑕疵严重影响了人的面容及精神风貌。基于在生活中遇到的这个问题，本节就来学习最基础的祛斑、祛痘、去皱及美白的修整方法。

对人物照片进行祛痘、祛斑、去皱及美白处理，想必是大家最感兴趣的操作之一。以下给出的几组图像中，图 2-9 和图 2-11 所示为原图，图 2-10 和图 2-12 所示是经过处理后的图像。

图 2-9　原图

图 2-10　去皱后的图像效果

图 2-11　原图　　　　　　　　　　　图 2-12　祛痘、美白后的图像效果

在图 2-9 中，人物额头有些许皱纹，且面部有许多细小斑点。针对画面中的人物情况，接下来对其进行去皱处理并改善面部肤色，对人物进行年轻化处理。在处理的过程中需要特别注意的是，不要刻意修改人物的器官特征或过度美化，以保留面部最基本的特征为出发点，适当修整即可。具体操作方法及步骤如下。

第 1 步：打开需要修整的图像

打开 Photoshop，选择"文件"→"打开"命令，弹出"打开"对话框，或按〈Ctrl+O〉组合键，打开从网盘下载的"Photoshop 图形图像处理实用教程图像库\第 2 章\人像面部皱纹去除练习.jpg"文件，图像窗口显示如图 2-13 所示。

图 2-13　图像文件窗口显示

第 2 步：复制"背景"图层

在"图层"面板中选择"背景"图层，按〈Ctrl+J〉组合键，或按住鼠标左键不放将"背景"图层拖曳到"图层"面板右下方的"创建新图层"按钮上，如图 2-14 所示，之后释放鼠标左键，实现"背景"图层的复制，复制后的图层名称为"图层 1"，并选中这一图层，如图 2-15 所示。在这里复制图层的目的是方便在后期进行对比。**（小知识 13：复制图层）**

图 2-14　"创建新图层"按钮位置标注　　　　图 2-15　复制图层后的"图层"面板

第3步：调整图像明暗对比关系

选中"图层 1"图层，选择"图像"→"调整"→"色阶"命令，如图 2-16 所示，或按〈Ctrl+L〉组合键，弹出"色阶"对话框，单击"自动"按钮，Photoshop 会根据图像情况自动分析图像并调整图像的明暗对比关系，单击"确定"按钮，完成图像的色阶自动调整，如图 2-17 所示。图像变化效果如图 2-18 所示。（**小知识 40：色阶**）

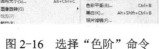
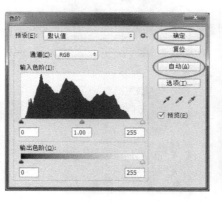

图 2-16　选择"色阶"命令　　　　图 2-17　"色阶"对话框　　　　图 2-18　图像变化效果

第4步：去除明显皱纹及斑点

在工具箱中选择"修补"工具，位置如图 2-19 所示，并预设此工具，如图 2-20 所示。（**小知识 8：修复工具**）

图 2-19　选择"修补"工具　　　　　　　　图 2-20　"修补"工具选项栏预设

确保"图层 1"图层处于选中状态，将光标移动到额头皱纹区域，按住鼠标左键不放，绘制闭合选区，之后释放鼠标左键，如图 2-21 所示。再将光标移动到闭合选区内，按住鼠标左键不放，将选区内容拖曳到周围完好的皮肤区域上，如图 2-22 所示，释放鼠标左键，此时的人物额头皮肤效果如图 2-23 所示。

将光标移动到菜单栏上，选择"选择"→"取消选择"命令，如图 2-24 所示，或按〈Ctrl+D〉组合键，取消虚线选区，取消选区后的图像效果如图 2-25 所示。

图 2-21　绘制闭合选区　　图 2-22　拖曳选区内容至周围的完好皮肤区域上　　图 2-23　修补选区内容效果

运用相同的操作方法，重复以上操作，完成人物面部皱纹及斑点的去除，效果如图 2-26 所示。

图 2-24　选择"取消选择"　　图 2-25　取消选区后的图像效果　　图 2-26　面部皱纹及斑点去除后的效果
　　　　　　命令

在此需要特别注意的是，在去除面部皱纹及斑点的过程中，"污点修复画笔"工具"修复画笔"工具和"修补"工具这 3 个修复工具可以搭配使用，也可单独使用，只要能够完成皱纹及斑点的去除即可。在操作的过程中可以按〈Ctrl++〉组合键，放大图像预览，或按〈Ctrl+-〉组合键，缩小图像预览，通过放大或缩小图像预览以便更加精确地编辑图像。（小知识 8：修复工具）（小知识 21：放大或缩小图像预览）

小知识 23：色彩范围

"色彩范围"命令可以根据图像的颜色范围创建选区，它与工具箱中的"魔棒"工具功能类似，该命令提供了更多的控制选项，使用起来更加灵活，所选择的选区精确度更高。

在"图层"面板中选中需要编辑的图层，选择"选择"→"色彩范围"命令，如图 2-27 所示，弹出"色彩范围"对话框，如图 2-28 所示。

图 2-27　选择"色彩范围"命令　　　　图 2-28　"色彩范围"对话框

下面介绍一下"色彩范围"对话框。

"选择"下拉列表框：用来设置选区的创建方式，具体选项如图 2-29 所示。当选择"取样颜色"选项时，将光标移动到该对话框中的图像区域，光标会自动变成吸管形状 ，在该对话框的图像区域单击可以对颜色进行取样，如图 2-30 所示。当选择"红色""黄色""绿色"或"青色"等选项时，可以在该对话框中的图像区域选择特定的颜色，如图 2-31 所示；当选择"高光""中间调"或"阴影"等选项时，可以选择图像中特定的色调，如图 2-32 所示；当选择"肤色"选项时，可以选择与皮肤相近的颜色，如图 2-33 所示；当选择"溢色"选项时，可以选择图像中出现的溢色，如图 2-34 所示。

图 2-29 "选择"下拉列表框

图 2-30 图像区域

图 2-31 "红色"区域

图 2-32 "阴影"区域

图 2-33 "肤色"区域

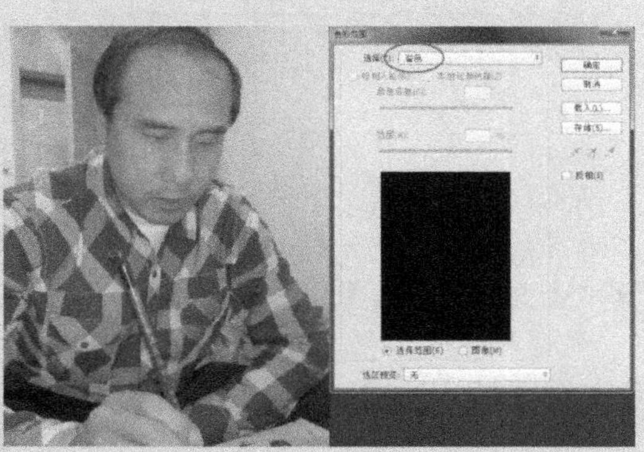

图 2-34 "溢色"区域

"检测人脸"复选框：当将"选择"设置为"肤色"时，选择该复选框可以更加精确地选择肤色，如图 2-35 所示。

"本地化颜色簇"复选框：选择该复选框，拖曳"范围"滑块可以控制要包含在蒙版中的颜色与取样点的距离，如图 2-36 所示。

"颜色容差"选项：用来设置颜色的选择范围，数值越大，所选择的颜色越多，反之越少。数值大小的对比效果如图 2-37 和图 2-38 所示。

图 2-35 选择"检测人脸"复选框

图 2-36 选择"本地化颜色簇"复选框

图 2-37 容差数值小

图 2-38 容差数值大

选区预览图：选区预览图包括"选择范围"和"图像"两个单选按钮。当选择"选择范围"单选按钮时，预览区域中的白色代表选择的区域，黑色代表未选择的区域，灰色表示部分被选择的区域（即有羽化效果的区域），如图 2-39 所示。当选择"图像"单选按钮时，预览区域会显示彩色图像，如图 2-40 所示。

"选区预览"下拉列表框：用来设置文档窗口中选区的预览方式，如图 2-41 所示。当选择"无"选项时，表示不在窗口中显示选区，如图 2-42 所示；当选择"灰度"选项时，可以按照选区在灰色通道中的外观显示选区，如图 2-43 所示；当选择"黑色杂边"选项时，可以在未选择的区域覆盖一层黑色，如图 2-44 所示；当选择"白色杂边"选项时，可以在未选择的区域覆盖一层白色，如图 2-45 所示；当选择"快速蒙版"选项时，可以显示选区在快速蒙版状态下的效果，如图 2-46 所示。

　　"存储"/"载入"按钮：单击"存储"按钮，可以将当前的设置保存为选区预设；单击"载入"按钮，可以载入存储的选区预设文件，如图 2-47 所示。

图 2-39 "选择范围"预览

图 2-40 "图像"预览

图 2-41 "选区预览"位置标注

图 2-42 "无"选区预览

图 2-43 "灰度"选区预览

图 2-44 "黑色杂边"选区预览

图 2-45 "白色杂边"选区预览

75

图2-46 "快速蒙版"选区预览　　　　　　　　图2-47 "存储"/"载入"按钮

吸管：使用"吸管"工具在图像上单击，可以选中单击区域的颜色，同时在选区缩览图中也会显示选中的颜色区域（白色代表选中的颜色，黑色代表未选中的颜色），如图 2-48 所示。使用"添加到取样"工具，再在图像上单击时，可以将单击点处的颜色添加到选中的颜色中，如图 2-49 所示；使用"从取样中减去"工具，再在图像上单击时，可以将单击处的颜色从选中的颜色区域减去，如图 2-50 所示。

图2-48 "吸管"工具选择选区　　　　　　　图2-49 "添加到取样"工具加选选区

图2-50 "从取样中减去"工具减选选区

第 5 步：皮肤高光区域细腻化处理

使用"色彩范围"命令创建高光区域选区。确保"图层 1"图层处于选中状态，选择"选择"→"色彩范围"命令，弹出"色彩范围"对话框，将"选择"设置为"取样颜色"，在面部的高光区域单击，再将"颜色容差"数值设置为 48，用户可以根据图像情况自行设置"颜色容差"数值，如图 2-51 所示，单击"确定"按钮，图像中的高光区域生成虚线选区，效果如图 2-52 所示。

图 2-51　设置"色彩范围"对话框　　　　图 2-52　图像选区效果

复制高光选区内容。确保"图层 1"图层处于选中状态，按〈Ctrl+J〉组合键，复制选区内容，此时会在"图层 1"图层上方生成一个名为"图层 2"的新图层，且图像中的虚线选区消失，如图 2-53 和图 2-54 所示。

图 2-53　图像效果及"图层"面板　　　　图 2-54　"图层 2"图层中的画面内容

模糊选区内容。选中"图层 2"图层，选择"滤镜"→"模糊"→"表面模糊"命令，如图 2-55 所示，弹出"表面模糊"对话框，在其中将"表面模糊"的模糊半径调整为 20，用户可以根据画面情况自行设定数值大小，单击"确定"按钮，如图 2-56 所示，添加"表面模糊"滤镜效果后的图像如图 2-57 所示。

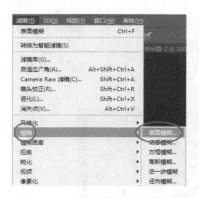

图 2-55　选择"表面模糊"命令

图 2-56　"表面模糊"对话框

图 2-57　添加"表面模糊"
滤镜效果后的图像

在此需要特别注意的是，用户可以根据图像情况在图 2-57 的基础上多次对面部皮肤进行细腻化处理，包括面部的中间调及阴影部分，操作步骤及方法同上。

第 6 步：唇部处理

盖印图层。确保"图层 2"图层处于选中状态，按〈Shift+Ctrl+Alt+E〉组合键以盖印图层。之后在"图层 2"图层的上方会出现一个名为"图层 3"的新图层，选中该图层，如图 2-58 所示。

绘制唇部选区。在工具箱中选择"套索"工具，如图 2-59 所示，将光标移动到唇部区域，按住鼠标左键不放，拖曳光标大致绘制出唇部选区，所绘制出的唇部选区效果如图 2-60 所示，释放鼠标左键。（**小知识 18：套索工具**）

图 2-58　盖印图层以后的
"图层"面板

图 2-59　选择"套索"工具

图 2-60　唇部选区效果

羽化唇部选区。选择"选择"→"修改"→"羽化"命令，如图 2-61 所示，或按〈Shift+F6〉组合键，弹出"羽化"对话框，将"羽化半径"设置为 15，以柔化虚线选区的边缘，如图 2-62 所示用户可以根据画面情况自行设定"羽化半径"的值，单击"确定"按钮后，效果如图 2-63 所示。（**小知识 34：羽化**）

78

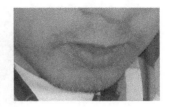

图 2-61　选择"羽化"命令　　　　图 2-62　"羽化选区"对话框　　　　图 2-63　唇部选区羽化效果

调整唇部色彩。选择"图像"→"调整"→"色彩平衡"命令，如图 2-64 所示，或按〈Ctrl+B〉组合键，弹出"色彩平衡"对话框，向左或向右滑动色标滑块的位置以调整唇部颜色，如图 2-65 所示，单击"确定"按钮。

图 2-64　选择"色彩平衡"命令　　　　　　图 2-65　设置"色彩平衡"对话框

取消唇部选区。选择"选择"→"取消选择"命令，或按〈Ctrl+D〉组合键，取消虚线选区，可以看到唇部色彩加深，效果对比如图 2-66 和图 2-67 所示。

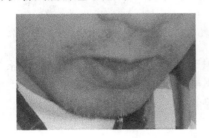

图 2-66　唇部调色前　　　　　　　　图 2-67　唇部调色后

第 7 步：背景虚化处理

确保"图层 3"图层为选中状态，在工具箱中选择"套索"工具，将光标移动到图像区域，按住鼠标左键不放，绘制出如图 2-68 所示的虚线选区，之后释放鼠标左键。（**小知识18：套索工具**）

按〈Ctrl+J〉组合键，复制虚线选区中的内容，此时会在"图层 3"图层上方生成一个名为"图层 4"的新图层，虚线选区消失，如图 2-69 所示。

图 2-68　绘制选区

图 2-69　复制选区内容后的图像效果及"图层"面板

在"图层"面板中选中"图层 4"图层，选择"滤镜"→"模糊"→"表面模糊"命令，弹出"表面模糊"对话框，将"半径"设置为 36，用户可以根据画面情况自行设定"半径"数值，在此预设如图 2-70 所示，单击"确定"按钮，为背景添加完"表面模糊"滤镜效果后的图像如图 2-71 所示。

图 2-70　设置"表面模糊"对话框

图 2-71　为背景添加"表面模糊"滤镜后的效果

确保"图层 4"图层处于选中状态，在工具箱中选择"橡皮擦"工具，并在其选项栏中进行预设，如图 2-72 所示。将光标移动到背景与头发的交界处，按住鼠标左键不放，在交界区域拖曳光标擦拭涂抹，释放鼠标左键，图像前后对比效果如图 2-73 和图 2-74 所示。
（小知识 16：橡皮擦工具）

图 2-72　"橡皮擦"工具选项栏预设

图 2-73　擦拭涂抹前

图 2-74　擦拭涂抹后

第 8 步：整体调整图像明暗关系

在"图层"面板中选中最上面一个图层，即"图层 4"图层，按〈Shift+Ctrl+Alt+E〉组合键盖印图层，之后在"图层 4"图层的上方将出现一个名为"图层 5"的新图层，选中该图层，如图 2-75 所示。

选择"选择"→"调整"→"色阶"命令，如图 2-76 所示，或按〈Ctrl+L〉组合键，弹出"色阶"对话框，通过向左或向右滑动色标滑块，以调整图像的整体明暗对比关系，用户可以根据图像情况自行调整，在此预设如图 2-77 所示，单击"确定"按钮，最终的图像效果及"图层"面板如图 2-78 所示。（小知识 40：色阶）

图 2-75　盖印图层后的"图层"面板

图 2-76　选择"色阶"命令

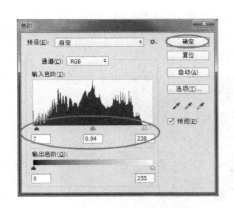

图 2-77　设置"色阶"对话框

图 2-78　最终的图像效果及"图层"面板

第 9 步：保存调整后的图像

选择"文件"→"存储为"命令，或按〈Ctrl+Shift+S〉组合键，弹出"另存为"对话框，选择存储路径并命名文件，将文件的保存类型设置为 PSD 格式，以方便后期编辑，单击"保存"按钮，完成存储操作。

2.3　面部美妆

导读：说到面部美妆，很多女孩都非常喜欢，空闲时间，可以自己制作一张面部彩妆艺术照，以纪念青春的美好。以下给出的图像中，图 2-79 所示是人物面部特写原照，图 2-80

所示是经过美妆处理后的图像效果。

　　本节所学习的面部美妆方法实用、简单，易掌握，在掌握了处理方法和操作原理后，可以根据自己的个性想法，自由、高效地进行美妆处理。在此需要特别注意的是，在美妆的过程中要注意两个要素，首先是要尽可能地做到细致，这样能够让画面更加精致、生动；其次是要注意色彩的选择及面妆色彩的呼应效果，色彩的定位要根据妆面带给人的感觉来选择，色彩呼应可以让画面色调统一，不至于使面妆过于花哨。

图 2-79　人物面部特写原照　　　　　图 2-80　美妆处理后的效果

　　根据图 2-80 中的面部美妆情况，美妆的具体操作方法及步骤如下。

第 1 步：打开需要美妆的图像

　　打开 Photoshop，选择"文件"→"打开"命令，弹出"打开"对话框，或按〈Ctrl+O〉组合键，打开从网盘下载的"Photoshop 图形图像处理实用教程图像库\第 2 章\人像美妆练习.jpg"文件，图像窗口显示如图 2-81 所示。

图 2-81　图像文件窗口显示

第 2 步：复制"背景"图层

　　在"图层"面板中选中"背景"图层，按〈Ctrl+J〉组合键，或按住鼠标左键不放，将"背景"图层拖曳到"图层"面板右下方的"创建新图层"按钮上，如图 2-82 所示，之后释放鼠标左键，复制"背景"图层。复制后的图层名称为"图层 1"，选中该图层，如图 2-83 所示，在这

里复制图层的目的是方便在后期进行对比。(**小知识 13：复制图层**)

第 3 步：去除面部明显斑点

在工具箱中选择"污点修复画笔"工具，如图 2-84 所示，并预设此工具，如图 2-85 所示。

图 2-82 "创建新图层"
按钮位置标注

图 2-83 复制图层后的
"图层"面板

图 2-84 选择"污点
修复画笔工具"

图 2-85 "污点修复画笔"工具选项栏预设

确保"图层 1"图层处于选中状态，将光标移动到面部有明显斑点的位置并单击，完成斑点的去除，去除后的图像对比效果如图 2-86 和图 2-87 所示。(**小知识 8：修复工具**)

图 2-86 去除斑点前的图像效果

图 2-87 去除斑点后的图像效果

在此需要特别注意的是，在去除面部斑点的过程中，"污点修复画笔"工具"修复画笔"工具和"修补"工具这 3 个修复工具既可搭配使用，也可单独使用，只要能够完成斑点的去除即可。按〈Ctrl++〉组合键，放大图像预览，按〈Ctrl+-〉组合键，缩小图像预览，通过放大或缩小图像预览可以更加精确地编辑图像。按〈[〉键或〈]〉键放大或缩小工具的笔刷大小，以精确编辑图像。

第 4 步：使皮肤更加细腻、白皙

小知识 24：外挂滤镜的安装

滤镜分为内置滤镜和外挂滤镜两种，内置滤镜是 Photoshop 自带的滤镜，外挂滤镜需要用户自行下载后手动安装。根据外挂滤镜的不同类型可以选用以下两种方法进行安装。

　　方法一：如果是普通的外挂滤镜，只需要将滤镜文件复制到 Photoshop CC 安装文件下面的 Plug-ins 文件目录中即可，如图 2-88 所示。

图 2-88　外挂滤镜安装目录标注

　　方法二：如果是封装的外挂滤镜，直接按照正常方法进行安装即可。

　　安装完外挂滤镜后重新启动 Photoshop CC，安装好的外挂滤镜将出现在"滤镜"菜单中。

　　安装"磨皮"外挂滤镜。将"Photoshop 图形图像处理实用教程图像库\第 2 章\滤镜\Portraiture.8BF"文件复制到 Photoshop CC 安装文件中的"Plug-ins"文件夹中，如图 2-88 和图 2-89 所示。安装完成后重新启动 Photoshop，所安装的新滤镜在"滤镜"菜单中的位置显示如图 2-90 所示。（**小知识 24：外挂滤镜的安装**）

图 2-89　磨皮滤镜

　　确保"图层 1"图层处于选中状态，选择"滤镜"→Imagenomic→Portraiture 命令，打开 Portraiture 滤镜窗口，调节"羽化""色相""精细"和"饱和度"等数值，如图 2-91 所示，单击"确定"按钮，完成皮肤的美白细腻化处理，图像对比效果如图 2-92 和图 2-93 所示。

图 2-90　新滤镜在"滤镜"菜单栏中的位置显示

图 2-91　Portraiture 滤镜窗口

图 2-92　皮肤美白细腻化处理前的效果　　　图 2-93　皮肤美白细腻化处理后的效果

小知识 25：画笔工具

　　"画笔"工具在工具箱中的位置如图 2-94 所示，使用此工具可以绘制点、线和面，在使用"画笔"工具之前，需要在它的选项栏中对其大小、硬度、笔尖形状、形状动态、散布、颜色动态、混合模式和流量等属性进行预设。

　　Photoshop 提供了多种类型的画笔笔刷，如图 2-95 所示，使用不同类型的画笔笔刷，可以绘制出不同的笔触效果，如图 2-96 所示。但自带的画笔笔刷并不能完全满足用户的需求，因此 Photoshop 提供了新建画笔笔刷功能，通过这一功能读者可以自创画笔笔刷，以绘制出个性效果。

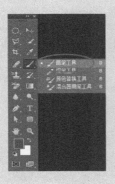 

图 2-94　"画笔"工具在工具箱中的位置　　图 2-95　不同类型的画笔笔刷　　　图 2-96　笔触效果

　　1. 选项栏介绍

　　"画笔"工具选项栏包括"大小""硬度""样式""模式""不透明度"和"流量"等属性，如图 2-97 所示。

　　2. 追加软件自带的画笔笔刷

　　在"画笔"工具的选项栏中，单击如图 2-98 中所标注的"小三角"图标，打开如图 2-99 所示的"画笔样式"面板，单击右上方的"小梅花"图标，打开如图 2-100 所示的选项菜单，在该菜单下方选择需要追加的画笔笔刷种类，在此以选择追加"混合画笔"笔刷为例，选择"混合画笔"命令弹出如图 2-101 所示的提示对话框，单击"追加"按钮。此时所追加的"混合画笔"笔刷将出现在"画笔样式"面板中，标注如图 2-102 所示。在此需要特别注意的是，若在图 2-101 所示的对话框中单击"确定"按钮，新追加的"混合画笔"笔刷将自动替换"画笔样式"面板中默认的笔刷，如图 2-103 所示。

图 2-97 "画笔"工具选项栏

图 2-98 位置标注

图 2-99 "画笔样式"面板

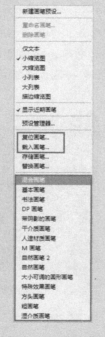

图 2-100 选项菜单

图 2-101 提示对话框

3. 复位默认画笔笔刷

在图 2-99 中，所显示的所有笔刷都是软件默认的，当追加新笔刷后（见图 2-102），若想再复位到默认的画笔笔刷状态，只需选择如图 2-100 所示的选项菜单中的"复位画笔"命令即可，之后弹出如图 2-104 所示的提示对话框，单击"确定"按钮，复位默认画笔笔刷。

图2-102 追加后的
"画笔样式"面板

图2-103 替换后的
"画笔样式"面板

图2-104 提示对话框

4. 载入外置画笔笔刷

当软件自带的画笔笔刷无法满足使用需求时，可以载入外置画笔笔刷或自行创作画笔笔刷。在此以载入"假睫毛"画笔笔刷为例，其载入方法是，在如图2-100所示的选项菜单中选择"载入画笔"命令，弹出"载入"对话框，选择从网盘下载的"Photoshop图形图像处理实用教程图像库\第2章\笔刷\假睫毛.abr"文件，之后单击"载入"按钮，如图2-105所示，之后新载入的"假睫毛"外置画笔笔刷就出现在"画笔样式"面板中了，如图2-106所示。

图2-105 "载入"对话框

图2-106 载入外置笔刷后的"画笔样式"面板

5. 删除画笔笔刷

在"画笔样式"面板中，选中需要删除的笔刷，之后将光标移动到这一笔刷上并右击，在弹出的快捷菜单中选择"删除画笔"命令，如图2-107所示，之后弹出如图2-108所示的提示对话框，单击"确定"按钮，完成删除操作。

6. 重命名画笔笔刷

在"画笔样式"面板中，选中需要重新命名的笔刷，之后将光标移动到这一笔刷上并右击，在弹出的快捷菜单中选择"重命名画笔"命令，如图2-109所示，之后弹出如图2-110所示的"画笔名称"对话框，输入笔刷名称"假睫毛"，单击"确定"按钮，如图2-111所示，完成重命名操作。

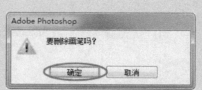

图 2-107　选择"删除画笔"命令　　　图 2-108　提示对话框　　　图 2-109　选择"重命名画笔"命令

图 2-110　"画笔名称"对话框　　　　　　　图 2-111　命名画笔笔刷名称

7. 使用方法

第一步，在"图层"面板中选择图层或创建新图层以承载所绘制的内容。第二步，在工具箱中选择"画笔"工具，并在其选项栏中对画笔笔刷的样式、大小、硬度、模式、不透明度和流量等进行预设。第三步，在工具箱中预设前景色的色彩。第四步，将光标移动到画布中，单击或按住鼠标左键不放拖曳涂抹，以绘制图案。

第 5 步：眼部美妆

创建新图层。在"图层"面板中确保"图层 1"图层处于选中状态，单击右下方的"创建新图层"按钮，如图 2-112 所示，在"图层 1"图层上方将出现一个名为"图层 2"的空图层，如图 2-113 所示，或按〈Shift+Ctrl+N〉组合键，弹出如图 2-114 所示的"新建图层"对话框，在其中输入图层名称，单击"确定"按钮，此时的"图层"面板显示如图 2-115 所示。（**小知识 10：创建普通图层**）

图 2-112　单击"创建新图层"按钮　　　　图 2-113　创建新图层后的"图层"面板

预设"画笔"工具。在工具箱中选择"画笔"工具，在其选项栏中预设此工具，选择

88

边缘柔和的画笔笔刷，如图 2-116 所示。

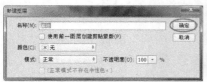

图 2-114 "新建图层"对话框 　　图 2-115 命名图层后的 　　图 2-116 "画笔"工具选项栏预设
　　　　　　　　　　　　　　　　 "图层"面板

预设前景色。在工具箱中单击前景色图标，如图 2-117，弹出"拾色器（前景色）"对话框，在其中预设前景色色彩为紫色（R：255，G：0，B：245），单击"确定"按钮，如图 2-118 所示，完成前景色色彩预设，如图 2-119 所示。（**小知识 17：前景色与背景色**）

图 2-117 前景色位置标注 　　　　图 2-118 "拾色器（前景色）"对话框 　　　　图 2-119 前景色色彩

涂抹颜色。回到"图层"面板中，选中"图层 2"图层，按住鼠标左键不放，用预设好的"画笔"工具在眼睛部位涂抹，效果如图 2-120 所示。（**小知识 25：画笔工具**）

重复以上步骤，完成其他色彩的涂抹，效果如图 2-121 所示。

图 2-120 涂抹眼部后的图像效果 　　　　　 图 2-121 涂抹其他色彩后的图像效果

修改图层"混合模式"。确保"图层 2"图层处于选中状态，并将该图层的"混合模式"修改为"变暗""正片叠底""线性加深""滤色""叠加""柔光"或"减去"等混合模式中的一种，用户可以根据个人审美选择自己喜好的"混合模式"效果，在此以选择"柔光"模式为例，图像效果及"图层"面板如图 2-122 所示。（小知识 39：混合模式）

添加图层蒙版。确保"图层 2"图层处于选中状态，单击"图层"面板下方的"添加图层蒙版"按钮，为"图层 2"图层添加一个图层蒙版，并选中该蒙版，如图 2-123 所示。（小知识 37：图层蒙版）

选择"画笔"工具并进行预设。在工具箱中将前景色的颜色修改为黑色，选择"画笔"工具 ✎，并在其选项栏中进行预设，如图 2-124 和图 2-125 所示。

图 2-122　图像效果及"图层"面板

图 2-123　添加图层蒙版

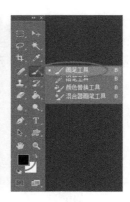
图 2-124　选择"画笔"工具

在图层蒙版中进行涂抹。确保"图层 2"图层的图层蒙版处于选中状态，将光标移动到眼妆边缘区域，按住鼠标左键不放，用预设好的"画笔"工具在图层蒙版中涂抹黑色，以柔化边缘，让眼妆色彩更好地与眼部皮肤融合，效果如图 2-126 所示。（小知识 37：图层蒙版）（小知识 25：画笔工具）

图 2-125　"画笔"工具选项栏预设

图 2-126　图像效果

第 6 步：为右眼贴假睫毛

创建新图层。在"图层"面板中选中"图层 2"图层，单击右下方的"创建新图层"按钮，在"图层 2"图层的上方将出现一个名为"图层 3"的空图层，过程如图 2-127 和图 2-128 所示。（**小知识 10：创建普通图层**）

载入外置画笔笔刷。选中"图层 3"图层，在工具箱中选择"画笔"工具，并在其选项菜单中选择"载入画笔"命令，位置如图 2-129 所示，弹出"载入"对话框，选择从网盘下载的"Photoshop 图形图像处理实用教程图像库\第 2 章\笔刷\假睫毛.abr"文件，单击"载入"按钮，如图 2-130 所示，新载入的"假睫毛"外置画笔笔刷在"画笔样式"面板中的显示效果如图 2-131 所示。（**小知识 25：画笔工具**）

图 2-127　单击"创建新图层"
按钮

图 2-128　创建新图层后的
"图层"面板

图 2-129　选择"载入画笔"命令

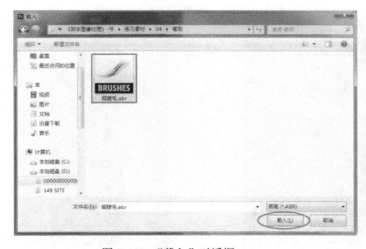

图 2-130　"载入"对话框

图 2-131　"假睫毛"外置画笔笔刷在
"画笔样式"面板中的显示效果

前景色预设。在工具箱中将前景色的颜色设置为黑色，如图 2-132 所示。正常的睫毛为黑色，用户也可以根据个人喜好设置个性睫毛颜色。选择"画笔"工具 ，并在其选项栏中预设画笔，选择新载入的"假睫毛"画笔笔刷，如图 2-133 所示。（**小知识 17：前景色与背景色**）

图 2-132　前景色预设

图 2-133　"画笔"工具选项栏预设

　　删除部分假睫毛。保持"图层 3"图层处于选中状态，选择"画笔"工具，将光标移动到图像区域，在眼睛区域单击，绘制一个假睫毛，效果如图 2-134 所示。再在工具箱中选择"矩形选框"工具，如图 2-135，将光标移动到假睫毛处，按住鼠标左键不放，绘制出如图 2-136 所示的矩形选区，之后释放鼠标左键，按〈Delete〉键或〈Backspace〉键删除矩形选区内的图像内容，效果如图 2-137 所示。最后选择"选择"→"取消选择"命令，如图 2-138所示，或按〈Ctrl+D〉组合键，取消矩形选区，效果如图 2-139 所示。

图 2-134　绘制假睫毛

图 2-135　选择"矩形选框"工具

图 2-136　绘制矩形选区

图 2-137　删除矩形选区内的图像内容

图 2-138　选择"取消选择"命令

图 2-139　图像效果

变换假睫毛形状。按〈Ctrl+T〉组合键，在假睫毛边缘出现实线边框，效果如图 2-140 所示。将光标移动到实线边框的一个角上，适当缩小和旋转睫毛，如图 2-141 所示。将光标移动到假睫毛上并右击，在弹出的快捷菜单中选择"变形"命令，如图 2-142 所示，实线边框将变化成网格，如图 2-143 所示。将光标移动到网格上，按住鼠标左键不放拖曳网格上的点或线，以调整网格形状，此时的假睫毛也一起产生形状变化，如图 2-144 所示，释放鼠标左键。调整完睫毛形状后按〈Enter〉键，确认变化的形状，网格消失，效果如图 2-145 所示。在此需要特别注意的是，可多次执行"变形"命令，以调整睫毛形状。**（小知识 36：图像的缩小、放大及旋转）**

图 2-140　实线边框

图 2-141　缩小并旋转假睫毛

93

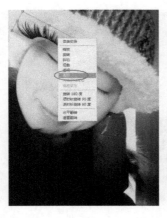  

图 2-142　选择"变形"命令　　图 2-143　实线边框变化成网格　　图 2-144　变化网格形状

移动假睫毛的位置。始终保持"图层 3"图层处于选中状态，在工具箱中选择"移动"工具，将光标移动到假睫毛上，按住鼠标左键不放，将其移动到眼睛上，效果如图 2-146 所示。

图 2-145　图像效果　　　　　　图 2-146　移动假睫毛位置

第二次缩小假睫毛。方法同上，操作过程如图 2-147～图 2-149 所示。

图 2-147　过程 1　　　　　　图 2-148　过程 2　　　　　　图 2-149　过程 3

94

第7步：为左眼贴假睫毛

复制图层。在"图层"面板中选中"图层 3"图层，按
〈Ctrl+J〉组合键，复制"图层 3"图层，此时在"图层 3"图层
上方将出现一个名为"图层 3 拷贝"的新图层，如图 2-150 所
示。(**小知识 13：复制图层**)

翻转假睫毛。在"图层"面板中选中"图层 3 拷贝"图层，
按〈Ctrl+T〉组合键，出现实线边框，将光标移动到假睫毛上并
右击，在弹出的快捷菜单中选择"水平翻转"命令，如图 2-151
所示。可以看到假睫毛在水平方向上发生了翻转变化，效果如
图 2-152 所示。

图 2-150 "图层"面板

移动并旋转假睫毛。在工具箱中选择"移动"工具，将光标移动到实线边框以内，在
此需要特别注意的是，不要将光标放到实线边框的中心点上。按住鼠标左键不放，将假睫毛
移动到左眼附近位置上，如图 2-153 所示，释放鼠标左键。再将光标移动到实线边框的一个
顶点的外侧，按住鼠标左键不放，根据眼睛的形状旋转睫毛，效果如图 2-154 所示，释放鼠
标左键。再次根据眼睛的位置及大小，使用"移动"工具调整假睫毛的位置、大小或形状，
效果如图 2-155 所示。最后按〈Enter〉键，确认变化的睫毛形状，实线边框消失，如图 2-156
所示。(**小知识 36：图像的缩小、放大及旋转**)

图 2-151 选择"水平翻转"命令

图 2-152 "水平翻转"效果

图 2-153 移动位置

图 2-154 旋转假睫毛

图 2-155 调整假睫毛

图 2-156 图像效果

第 8 步：唇部润色处理

绘制唇部轮廓路径。在工具箱中选择"钢笔"工具 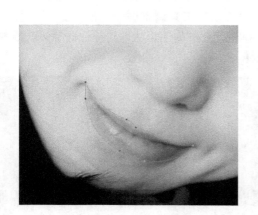，在选项栏中对其进行预设，选择绘制"路径"，如图 2-157 所示。将光标移动到嘴唇边缘，使用"钢笔"工具，再配合使用〈Alt〉键绘制嘴唇轮廓闭合路径，如图 2-158 所示。（**小知识 9：使用钢笔工具绘制路径**）

图 2-157 "钢笔"工具选项栏预设

将路径变为选区。绘制完嘴唇轮廓路径后，将光标移动到图像上并右击，在弹出的快捷菜单中选择"建立选区"命令，如图 2-159 所示，接着弹出"建立选区"对话框，单击"确定"按钮，如图 2-160 所示。此时所绘制的路径就变成了虚线选区，效果如图 2-161 所示。

在此需要特别注意的是，路径变为选区的快捷操作是：在绘制完嘴唇轮廓路径后，将光标移动到图像上，按〈Ctrl+Enter〉组合键，即可将路径变成选区。

图 2-158 嘴唇轮廓闭合路径

图 2-159 选择"建立选区"命令

图 2-160 "建立选区"对话框

图 2-161 选区效果

96

创建新图层，并重命名图层。在"图层"面板中选中"图层 3 拷贝"图层，单击"创建新图层"按钮，在"图层 3 拷贝"图层上方将出现一个名为"图层 3"的空图层，如图 2-162 所示，选中这一图层，双击"图层 3"文字，输入图层的新名称"唇部"，操作过程如图 2-163 和图 2-164 所示。（小知识 10：创建普通图层）

图 2-162　创建新图层

图 2-163　过程 1

图 2-164　过程 2

填充唇部色彩。选中"唇部"图层，在工具箱中将前景色的颜色设置为紫色（R：230，G：0，B：210），用户可以根据个人喜好设置色彩，选择"油漆桶"工具，如图 2-165 所示。将光标移动到唇部虚线区域并单击，实现用"油漆桶"工具填充前景色，效果如图 2-166 所示。（小知识 30：油漆桶工具）

在此需要特别注意的是，填充前景色的快捷操作是：设置完前景色色彩后，选中"唇部"图层，按〈Alt+Delete〉组合键即可填充前景色，从而完成唇部选区的色彩填充。

取消唇部选区。选择"选择"→"取消选择"命令，如图 2-167 所示，或按〈Ctrl+D〉组合键，取消虚线选区，效果如图 2-168 所示。

图 2-165　选择"油漆桶"工具

图 2-166　填充唇部选区

图 2-167　选择"取消
选择"命令

为"唇部"图层设置"混合模式"和"不透明度"。选中"唇部"图层，并将这一图层的"混合模式"修改为"柔光"模式，使其与眼妆部位的混合模式统一，使画面更加协调。将"不透明度"调整到 50%，具体设置如图 2-169 所示，图像效果如图 2-170 所示。（小知识 39：混合模式）

图 2-168　图像效果

图 2-169　设置"图层"面板

图 2-170　图像效果

为"唇部"图层添加图层蒙版，并柔化边缘。单击"图层"面板下方的"添加图层蒙版"按钮，为"唇部"图层添加一个图层蒙版，如图 2-171 所示。再在工具箱中将前景色的颜色修改为黑色，选择"画笔"工具，并在其选项栏中对其样式、模式、不透明度和流量等进行预设，如图 2-172 所示。用预设好的"画笔"工具在图层蒙版中的唇部色块边缘进行涂抹，其目的是更好地让色彩与唇部皮肤吻合，操作过程如图 2-173 所示。唇部边缘柔化前后的对比效果如图 2-174 和图 2-175 所示，最终的美妆图像效果如图 2-176 所示。（小知识 37：图层蒙版）

图 2-171　添加图层蒙版

图 2-172　"画笔"工具选项栏预设

图 2-173　在图层蒙版中涂抹黑色柔化边缘

图 2-174　嘴部边缘柔化前　　　图 2-175　嘴部边缘柔化后　　　图 2-176　最终的图像效果

第 9 步　保存美妆后的图像

选择"文件"→"存储为"命令，或按〈Ctrl+Shift+S〉组合键，弹出"另存为"对话框，选择存储位置并命名文件，将文件的保存类型设置为 PSD 格式，以方便后期编辑，单击"保存"按钮，完成存储操作。

2.4　瘦脸和瘦身

导读：随着生活质量的提高，人们越来越关注自己的身材，并想尽一切办法来减去身体上的赘肉，让自己看上去更苗条。减肥是一个长久的过程，可以用 Photoshop 在最短的时间内以最快的速度看到自己变苗条后的样子。以下给出的图像中，图 2-177 所示是人物原图，图 2-178 所示是经过瘦脸和瘦身后的图像效果。通过瘦脸和瘦身处理，读者可学会运用"液化"滤镜效果来改变身材。

图 2-177　人物原图　　　　　　　　　图 2-178　瘦脸和瘦身后的图像效果

根据图 2-177 中女孩的身材情况，人物瘦脸和瘦身的具体操作方法及步骤如下。

第 1 步：打开需要变形的图像

打开 Photoshop，选择"文件"→"打开"命令，弹出"打开"对话框，或按〈Ctrl+O〉组合键，打开从网盘下载的"Photoshop 图形图像处理实用教程图像库\第 2 章\人物变形-瘦脸、瘦身（女孩）.jpg"文件，图像窗口显示如图 2-179 所示。

图 2-179　图像文件窗口显示

第 2 步：复制"背景"图层

在"图层"面板中选中"背景"图层，按〈Ctrl+J〉组合键，或按住鼠标左键不放将"背景"图层拖曳到"图层"面板右下方的"创建新图层"按钮上，如图 2-180，之后释放鼠标左键，复制"背景"图层。复制后的图层名称为"图层 1"，选中该图层，如图 2-181 所示，在这里复制图层的目的是方便在后期进行对比。（**小知识 13：复制图层**）

图 2-180　"创建新图层"按钮位置标注　　　图 2-181　复制图层后的"图层"面板

小知识 26："液化"滤镜

通过使用"液化"滤镜可以完成图像的修饰或艺术效果创作，操作简易，可以创建推进、拉伸、膨胀、扭曲和收缩等变形效果。"液化"滤镜只能应用于 8 位/通道或 16 位/通道的图像中。

1. 使用方法

将光标移动到菜单栏上，选择"滤镜"→"液化"命令，如图 2-182 所示，或按〈Shift+Ctrl+X〉组合键，弹出"液化"对话框，如图 2-183 所示，在其中选择相应的工具编辑图像即可。图像的变形情况集中在画笔中心，用户可以在"液化"对话框右侧设置画笔的"大小"和"压力"等参数，若想恢复原先的图像，单击右侧的"恢复全部"按钮即可，如图 2-184 所示。

图2-182 选择"液化"命令　　　　　　　　图2-183 "液化"对话框

图2-184 "恢复全部"按钮

2. 工具介绍

　　向前变形工具：使用此工具，可以向前推移图像中的像素内容，实现图像的变化。其使用方法是：先选择此工具，再将光标移动到图像需要变形的位置上，按住鼠标左键不放，在需要变形的位置上向外或向内拖曳鼠标即可完成图像的变形操作，释放鼠标左键。图像变化前后的对比效果如图2-185和图2-186所示。

　　重建工具：此工具用于手动恢复变形的图像。其使用方法是：先选择此工具，再将光标移动到变形后的区域按住鼠标左键不放单击或拖曳鼠标进行涂抹，可以手动使图像恢复到原先效果，图像变化前后的对比效果如图2-187和图2-188所示。

图2-185 变化前（头部）　　　图2-186 使用"向前变形"　　　图2-187 变化前（头部）

　　　　　　　　　　　　　　　工具变化后（头部）

褶皱工具：使用此工具可以实现图像内容向画笔区域的中心点方向移动，使图像产生向内收缩的变化效果。其使用方法是：先选择此工具，再将光标移动到需要收缩的图像位置上，单击或按住鼠标左键不放，实现图像的收缩变化。图像变化前后的对比效果如图 2-189 和图 2-190 所示。

图 2-188　使用"重建"　　　　图 2-189　变化前（眼睛）　　　图 2-190　使用"褶皱"工具
　　工具变化后（头部）　　　　　　　　　　　　　　　　　　　　　变化后（眼睛）

膨胀工具：使用此工具可以实现图像内容向画笔区域的中心点以外的方向移动，使图像产生向外膨胀的变化效果。其使用方法是：先选择此工具，再将光标移动到需要膨胀的图像位置上，单击或按住鼠标左键不放，实现图像的膨胀变化。图像变化前后的对比效果如图 2-191 和图 2-192 所示。

图 2-191　变化前（眼睛）　　　　图 2-192　使用"膨胀"工具变化后（眼睛）

左推工具：使用此工具向上拖曳鼠标时，图像中的区域像素会向左移动；当向下拖曳鼠标时，图像中的区域像素会向右移动。其使用方法是：先选择此工具，再将光标移动到需要变化的图像位置上，单击或按住鼠标左键不放，实现图像的变化。图像变化的前后对比效果如图 2-193 和图 2-194 所示。

图 2-193　变化前（腰部）　　　　图 2-194　使用"左推"工具变化后（腰部）

抓手工具：当按〈Ctrl++〉组合键放大图像预览后，可以选择此工具拖曳图像到最合适的编辑位置。

缩放工具：此工具用于放大或缩小图像预览。

第 3 步：为女孩瘦脸

选中"图层 1"图层，选择"滤镜"→"液化"命令，或按〈Shift+Ctrl+X〉组合键，弹出"液化"对话框，如图 2-195 所示。

图 2-195 "液化"对话框

在"液化"对话框左侧选择"向前变形"工具，将光标移动到脸部边缘，按住鼠标左键不放，在脸部边缘位置向内拖曳鼠标，完成脸部的瘦脸操作，释放鼠标左键。在此需要特别注意的是，可以多次进行瘦脸操作。瘦脸后的图像变化对比效果如图 2-196 和图 2-197 所示。

图 2-196 变化前（脸部）　　　　图 2-197 使用"向前变形工具"变化后（脸部）

在此需要特别注意的是，图像的变形情况集中在画笔中心，可以在"液化"对话框右侧设置画笔的"大小"和"压力"，若想恢复原先的图像，单击"恢复全部"按钮即可。

在操作过程中可以按〈Ctrl++〉组合键，放大图像预览，也可以按〈Ctrl+-〉组合键，缩小图像预览，通过放大或缩小图像预览来更加精确地编辑图像。通过使用"液化"对话框左侧的"抓手"工具或按住空格键不放，拖动并移动图像到合适的位置。（**小知识 21：放大或缩小图像预览**）

第 4 步：为女孩瘦身

在"液化"对话框左侧继续选择"向前变形"工具，再将光标移动到身体边缘，按住鼠标左键不放，在身体边缘位置向内拖曳鼠标，完成瘦身操作，释放鼠标左键。在此需要特别注意的是，可以多次进行瘦身操作处理，瘦身后的图像变化对比效果如图 2-198 和图 2-199

所示。

图 2-198　瘦身前　　　　　　　　　　　　图 2-199　瘦身后

第 5 步：确认变化图像

瘦脸和瘦身操作完毕后，单击"液化"对话框中的"确定"按钮或按〈Enter〉键，确认变形的图像效果，如图 2-200 所示。

图 2-200　最终的图像效果

第 6 步：对比变化前后的图像

在"图层"面板中，通过隐藏或显示"图层 1"图层，可以对比图像变化效果。

第 7 步：保存图像

选择"文件"→"存储为"命令，或按〈Ctrl+Shift+S〉组合键，弹出"另存为"对话框，选择存储路径并命名文件，将文件的保存类型设置为 JPEG 格式，单击"保存"按钮，完成存储操作。

2.5　变化动作

导读：拍摄的图像，有时需要调整人物的动作，使画面看上去更具活力或创意，从而吸引受众眼球。用 Photoshop 中的"操控变形"命令，可以实现这一变化需求。当然，除了对画面中的人物动作进行调整以外，还可以对动物的动作、静物形态等进行变化调整。以下给出的图像中，图 2-201 所示是人物动作变化前的图像，图 2-202 所示是动作变化后的效果。

本节通过对人物的运动动作进行调整变化，让用户学会运用"操控变形"命令来变化图像。在图 2-201 中，运动中的人物举起的左胳膊高度略低，右腿蜷伸的幅度较小，动作缺乏张力和活力。图 2-202 所示是经过调整动作后的效果，通过适当增大人物的运动幅度，强化了运动效果。接下来，介绍用 Photoshop 进行动作变化的操作处理方法。

图 2-201　动作变化前　　　　　　　　图 2-202　动作变化后

根据图 2-201 中人物的运动情况，动作变化的具体操作方法及步骤如下。

第 1 步：打开需要变形的图像

打开 Photoshop，选择"文件"→"打开"命令，弹出"打开"对话框，或按〈Ctrl+O〉组合键，打开从网盘下载的"Photoshop 图形图像处理实用教程图像库\第 2 章\动作变化练习（人）.jpg"文件，图像窗口显示如图 2-203 所示。

图 2-203　图像文件窗口显示

第 2 步："背景"图层转换为普通图层

在"图层"面板中选中"背景"图层，如图 2-204 所示，按住〈Alt〉键不放，双击"背景"图层，之后释放〈Alt〉键，"背景"图层将直接转换为普通图层，转换后的"图层"面板如图 2-205 所示，此时的图层名称变为"图层 0"。（**小知识 5："背景"图层转换为普通图层**）

第 3 步：复制并隐藏图层

在"图层"面板中选中"图层 0"图层，按〈Ctrl+J〉组合键，完成"图层 0"图层的复制，此时会在"图层 0"图层上方出现一个名为"图层 0 拷贝"的新图层，如图 2-206 所示。单击"图层 0"图层前面的"小眼睛"图标，隐藏"图层 0"图层中的画面内容，如图 2-207 所示。（小知识 13：复制图层）

图 2-204 选择"背景"图层　　图 2-205 普通图层　　图 2-206 复制图层后的　　图 2-207 隐藏"图层 0"
　　　　　　　　　　　　　　　　　　　　　　　　　　　"图层"面板　　　图层后的"图层"面板

第 4 步：抠取人物

使用钢笔工具绘制路径。在"图层"面板中选中"图层 0 拷贝"图层，在工具箱中选择"钢笔"工具，在此工具的选项栏中进行预设，选择绘制"路径"，如图 2-208 所示。将光标移动到人物边缘，使用"钢笔"工具，配合〈Alt〉键绘制人物轮廓闭合路径，路径绘制过程如图 2-209～图 2-211 所示。（小知识 9：钢笔工具绘制路径）

图 2-208 "钢笔"工具选项栏预设

图 2-209 路径绘制过程 1　　　　图 2-210 路径绘制过程 2　　　　图 2-211 路径绘制过程 3

将路径转换为选区。绘制完人物轮廓闭合路径后，将光标移动到图像上并右击，在弹出的快捷菜单中选择"建立选区"命令，如图 2-212 所示。弹出"建立选区"对话框，单击"确定"按钮，如图 2-213 所示，此时所绘制的路径就变成了虚线选区，效果如图 2-214 所示。在此需要特别注意的是，路径变为选区的快捷操作是：在绘制完闭合轮廓路径后，将光标移动到图像上，按〈Ctrl+Enter〉组合键，路径就会变成虚线选区。

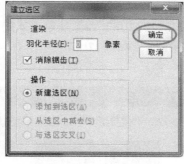

图 2-212　选择"建立选区"命令　　图 2-213　"建立选区"对话框　　　　图 2-214　选区效果

小知识 27：删除选区以外的内容

在"图层"面板中选中需要删除内容所在的图层，选择"选择"→"反选"命令，如图 2-215 所示，或按〈Shift+Ctrl+I〉组合键，此时选区产生反选变化，如图 2-216 所示。检查并确保"图层 0 拷贝"图层处于选中状态，按〈Delete〉键或〈BackSpace〉键，删除背景内容，效果如图 2-217 所示，最后按〈Ctrl+D〉组合键，取消选区，如图 2-218 所示。

删除背景内容。将路径变成选区后，按〈Shift+Ctrl+I〉组合键，选区产生反选变化，如图 2-216 所示，检查并确保"图层 0 拷贝"图层处于选中状态，按〈Delete〉键删除背景内容，效果如图 2-217 所示，最后按〈Ctrl+D〉组合键，取消选区，如图 2-218 所示。（**小知识 27：删除选区以外的内容**）

图 2-215　选择　　　图 2-216　选区变化　　　图 2-217　删除背景内容　　　图 2-218　取消选区后的
　"反选"命令　　　　　　　　　　　　　　　　　　　　　　　　　　　　　　　　图像效果

第 5 步：移除底图人物并修复背景

显隐图层。在"图层"面板中隐藏"图层 0 拷贝"图层，显示"图层 0"图层，并选中"图层 0"图层，如图 2-219 所示。

第一次移除并修复。在工具箱中选择"仿制图章"工具，在此工具的选项栏中进行预设，如图 2-220 所示。将光标定位在图 2-221 中的"1"处，按住〈Alt〉键不放，在"1"处位置上单击以定义复制源点，释放〈Alt〉键。再在图 2-222 中的"2"处单击或按住鼠标左键不放移动涂抹，处理后的图像效果如图 2-223 所示。（小知识8：修复工具）

图 2-219 "图层"面板

图 2-220 "仿制图章"工具选项栏预设

图 2-221 位置标注 1

图 2-222 位置标注 2

图 2-223 处理后的图像效果

第二次移除并修复。将光标定位到图 2-224 中的"3"处，按住〈Alt〉键不放，在"3"处位置上单击以定义复制源点，释放〈Alt〉键。再在图 2-225 中的"4"处单击或按住鼠标左键不放移动涂抹，处理后的图像效果如图 2-226 所示。

图 2-224 位置标注 3

图 2-225 位置标注 4

图 2-226 处理后的图像效果

第三次移除并修复。将光标定位在图 2-227 中的"5"处，按住〈Alt〉键不放，在"5"处位置上单击以定义复制源点，释放〈Alt〉键。再在图 2-228 中的"6"处单击或按住鼠标左键不放移动涂抹，处理后的图像效果如图 2-229 所示。

图 2-227　位置标注 5　　　　　图 2-228　位置标注 6　　　　图 2-229　　处理后的图像效果

第四次移除并修复。将光标定位到图 2-230 中的"7"处，按住〈Alt〉键不放，在"7"处位置上单击以定义复制源点，释放〈Alt〉键。再在图 2-231 中的"8"处单击或按住鼠标左键不放移动涂抹，处理后的图像效果如图 2-232 所示。

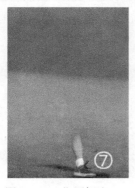  

图 2-230　位置标注 7　　　　　图 2-231　位置标注 8　　　　图 2-232　　处理后的图像效果

第五次移除并修复。将光标定位到图 2-233 中的"9"处，按住〈Alt〉键不放，在"9"处位置上单击以定义复制源点，释放〈Alt〉键。再在图 2-234 中的"10"处单击或按住鼠标左键不放移动涂抹，处理后的图像效果如图 2-235 所示。

  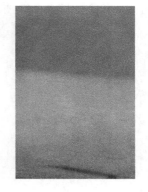

图 2-233　位置标注 9　　　　　图 2-234　位置标注 10　　　　图 2-235　处理后的图像效果

第 6 步：调整运动动作

显示图层。在"图层"面板中显示所有图层，并选中"图层 0 拷贝"图层，如图 2-236

所示。

　　"操控变形"命令预设。选择"编辑"→"操控变形"命令，如图 2-237 所示，此时会在运动的人物上面布满可视化网格，效果如图 2-238 所示。之后，在选项栏中预设"操控变形"命令，如图 2-239 所示。

图 2-236　"图层"面板显示

图 2-237　选择"操控变形"
命令

图 2-238　可视化网格

图 2-239　"操控变形"命令选项栏预设

　　添加"图钉"。将光标移动到可视化网格上并单击，依次在如图 2-240 所标注的位置上分别添加"图钉"。

　　变化动作。在图 2-240 中，先将光标移动到"图钉 3"上，按住鼠标左键不放，向左上方移动"图钉"，以调整胳膊的动作，释放鼠标左键；再将光标移动到"图钉 5"上，按住鼠标左键不放，向右上方移动"图钉"，以调整腿部动作，如图 2-241 所示。最后，单击选项栏右侧的对号图标，位置标注如图 2-239 所示或按〈Enter〉键，确认变化后的动作，可视化网格消失，效果如图 2-242 所示。

图 2-240　"图钉"位置标注

图 2-241　动作调整

图 2-242　图像效果

第7步：模糊人物边缘

模糊边缘。检查并确保"图层 0 拷贝"图层处于选中状态，在工具箱中选择"模糊"工具 ，之后在此工具的选项栏中对其进行预设，如图 2-243 所示。将光标移动到人物边缘，按住鼠标左键不放进行移动涂抹以柔化边缘，使之很好地与背景融合，释放鼠标左键，完成边缘柔化处理，最终的图像效果如图 2-244 所示。

图 2-243 "模糊"工具选项栏预设

图 2-244 最终图像效果

第8步：保存变形的图像

选择"文件"→"存储为"命令，或按〈Ctrl+Shift+S〉组合键，弹出"另存为"对话框，选择存储路径并命名文件，将文件的保存类型设置为 PSD 格式，以方便后期编辑，单击"保存"按钮，完成存储操作。

2.6　着装花纹替换

导读：拍摄的图像有时需要对画面中的人物着装进行花纹替换，从而换一种穿衣风格，基于这种需要，本节就来学习着装的花纹替换方法。在学习之前，先来看两组对比图像，对本节的内容有一个大致了解。以下给出的图像中，图 2-245 和图 2-248 所示为图像原图，图 2-246、图 2-247 和图 2-249 所示为替换着装花纹后的效果。

图 2-245　原图 1

图 2-246　花纹替换效果 1

图 2-247　花纹替换效果 2

图 2-248　原图 2

图 2-249　花纹替换效果

在 Photoshop 中，替换花纹的方法有多种，本节就来学习两种最常用的替换花纹方法，分别是运用"滤镜"→"置换"命令进行替换，以及通过填充图案并修改图层"混合模式"进行替换。运用"置换"命令替换花纹需要提前准备好一张花纹图像，该操作方法的优点是所替换的花纹能够根据衣服的褶皱起伏产生变化，新花纹能够很好地与原图吻合；第二种操作方法是直接运用工具箱中的"油漆桶"工具填充软件自带的花纹图案或自创的花纹图案。

2.6.1 使用"置换"命令替换

根据图 2-246 中的人物着装情况，使用"置换"命令替换花纹的具体操作方法及步骤如下。

第 1 步：打开需要替换着装花纹的图像

打开 Photoshop，选择"文件"→"打开"命令，弹出"打开"对话框，或按〈Ctrl+O〉组合键，打开从网盘下载的"Photoshop 图形图像处理实用教程图像库\第 2 章\着装花纹替换（人物 1）.jpg"文件，图像窗口显示如图 2-250 所示。

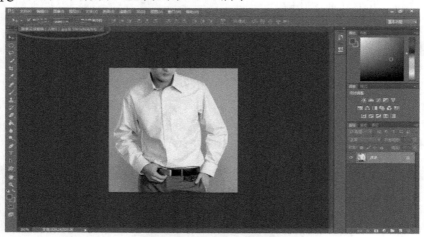

图 2-250　图像文件窗口显示

小知识 28：快速选择工具

"快速选择"工具在工具箱中的位置如图 2-251 所示，使用此工具可以迅速绘制出选区。

"快速选择"工具的选项栏介绍如下。

"快速选择"工具的选项栏包括"新选区""添加到选区""从选区减去""画笔选择器""对所有图层取样""自动增强"与"调整边缘"几个部分，如图 2-252 所示。

新选区：激活该按钮，可以创建一个新的选区，如图 2-253 所示。

添加到选区：激活该按钮，可以在原先选区的基础上增加新的选区，其快捷键是〈Shift〉键，加选选区后的选区效果如图 2-254 所示。

从选区减去：激活该按钮，可以在原先选区的基础上减去部

图 2-251　"快速选择"工具
在工具箱中的位置

分选区，其快捷键是〈Alt〉键，减选选区后的选区效果如图 2-255 所示。

画笔选择器：单击选项栏中的"小三角"图标，打开如图 2-256 所示的预设面板，在其中可以预设画笔的大小、硬度、间距、角度和圆度等信息。在此需要特别注意的是，在绘制选区的过程中可以按〈[〉键或〈]〉键放大或缩小画笔笔刷。

对所有图层取样：选择该复选框，将会针对所有图层建立选区范围。

自动增强：选择该复选框，用于降低选区边缘的粗糙度与区块感。

调整边缘：用于调整选区的范围。

图 2-252 "快速选择"工具选项栏

图 2-253 绘制新 　　图 2-254 加选选区 　　图 2-255 减选选区 　　图 2-256 "画笔选
　选区的效果 　　　　　后的效果 　　　　　　后的效果 　　　　　择器"预设面板

小知识 29：魔棒工具

"魔棒"工具在工具箱中的位置如图 2-257 所示，使用此工具可以迅速选择选区，使用频率较高。

"魔棒"工具的选项栏介绍如下。

"魔棒"工具的选项栏包括"新选区""添加到选区""从选区减去""与选区交叉""取样大小""容差""消除锯齿""连续""对所有图层取样"和"调整边缘"等几部分，如图 2-258 所示。

新选区：激活该按钮，可以自动创建一个新的选区，如图 2-259 所示。

添加到选区：激活该按钮，可以在原先选区的基础上增加新的选区，其快捷键是〈Shift〉键，加选选区后的选区如图 2-260 所示。

从选区减去：激活该按钮，可以在原先选区的基础上减去部分选区，其快捷键是〈Alt〉键，减选选区后的选区如图 2-261 所示。

图 2-257 "魔棒"工具
在工具箱中的位置

图 2-258 "魔棒"工具选项栏

图 2-259　绘制新选区效果

图 2-260　加选选区后的效果

图 2-261　减选选区后的效果

与选区交叉：激活该按钮，可以选择交叉部分的选区。

取样大小：用于设置此工具的取样范围。例如，当选择"3×3 平均"选项时，表示可以对光标单击位置处 3 个像素以内的平均颜色进行取样，所选择的区域效果如图 2-262 所示；当选择"101×101 平均"选项时，表示可以对光标单击位置处 101 个像素以内的平均颜色进行取样，所选择的区域效果如图 2-263 所示。

图 2-262　"3×3 平均"选项区域效果

图 2-263　"101×101 平均"选项区域效果

容差：用于决定所选像素之间的差异性或相似性，其取值范围为 0～255。数值越小，对像素相似程度要求越高，所选择的范围就越小；相反，数值越大，对像素相似程度要求越低，所选择的范围就越大。图 2-264 所示的是容差为 5 时的选区范围，图 2-265 所示的是容差为 50 时的选区范围。

图 2-264　容差为 5 时的选区范围

图 2-265　容差为 50 时的选区范围

连续：当选择该复选框时，只能选择颜色连接的区域；当取消选择该复选框时，将选择与所选像素色彩接近的区域。

对所有图层取样：如果文件中包含多个图层，选择该复选框时，将会针对所有图层建立选区范围；取消选择该复选框时，仅选择当前图层中与所选像素颜色相近的色彩区域。

调整边缘：用于调整选区的范围。

第2步：抠取衬衣并复制

在"图层"面板中选中"背景"图层，在工具箱中选择"快速选择"工具 ，并在其选项栏中进行预设，如图 2-266 所示。（**小知识 28：快速选择工具**）

图 2-266 "快速选择"工具选项栏预设

将光标移动到衬衣区域，使用"快速选择"工具按住鼠标左键不放并移动光标，绘制出如图 2-267 所示的选区，释放鼠标左键。根据图像情况，再按住〈Shift〉键不放，将光标移动到选区附近，按住鼠标左键不放并移动光标以加选选区，加选选区后的图像效果如图 2-268 所示，释放〈Shift〉键和鼠标左键。

将光标移动到如图 2-269 所标注的区域，按住〈Alt〉键不放，继续使用"快速选择"工具按住鼠标左键不放并移动光标以减选选区，效果如图 2-270 所示，释放〈Alt〉键和鼠标左键。

图 2-267　绘制选区　　　图 2-268　加选选区后的图像效果　　　图 2-269　位置标注

在此需要特别注意的是，在操作过程中按〈Ctrl++〉组合键，放大图像预览，按〈Ctrl+-〉组合键，缩小图像预览，通过放大或缩小图像预览可以更加精确地绘制选区。按〈[〉键或〈]〉键放大或缩小"快速选择"工具的笔刷大小，以精确编辑图像。（**小知识 21：放大或缩小图像预览**）

绘制出衬衣选区后，按〈Ctrl+J〉组合键复制选区内容，此时会在"图层"面板中多出一个名为"图层 1"的新图层，虚线选区消失，如图 2-271 所示。

图 2-270　减选选区后的图像效果　　　图 2-271　复制选区内容后的"图层"面板

115

第 3 步：第一次保存分层文件

将光标移动到菜单栏上，选择"文件"→"存储为"命令，或按〈Ctrl+Shift+S〉组合键，弹出"另存为"对话框，选择存储路径，命名文件名称为"衬衣-源文件"，将保存类型设置为 PSD 格式，如图 2-272 所示，单击"保存"按钮，完成第一次分层文件的存储操作。

第 4 步：打开替换图案并将其移动到"衬衣"文件中

将光标移动到菜单栏上，选择"文件"→"打开"命令，弹出"打开"对话框，或按〈Ctrl+O〉组合键，打开从网盘下载的"Photoshop 图形图像处理实用教程图像库\第 2 章\着装花纹替换（花纹）.jpg"文件，图像窗口显示如图 2-273 所示。

图 2-272　"另存为"对话框

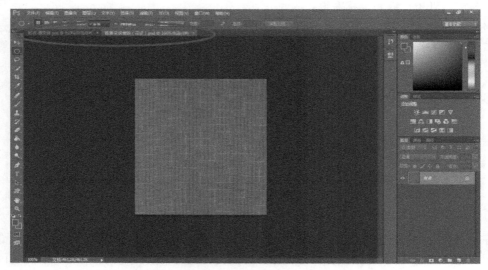

图 2-273　图像文件窗口显示

将替换的"花纹"图案移动到"衬衣"文件中。将光标移动到"标题栏"位置，单击"着装花纹替换（花纹）.jpg"文字，以选择显示该文件图像，如图 2-274 所示。再在工具箱中选择"移动"工具，将光标移动到图像区域，按住鼠标左键和〈Shift〉键不放，拖动光标，将"着装花纹替换（花纹）"图像先拖动到"标题栏"处的"衬衣-源文件.psd"文字上，如图 2-275 所示，此时软件会自动切换显示"衬衣-源文件"图像文件，继续保持按住鼠标左键和〈Shift〉键不放，将"着装花纹替换（花纹）"图像拖动到"衬衣-源文件"文件的图像区域，最后释放鼠标左键和〈Shift〉键，"着装花纹替换（花纹）"图像会自动置于"衬衣-源文件"图像文件的中心位置，此时的图像效果及"图层"面板显示如图 2-276 所示。（**小知识 35：显示指定文件**）（**小知识 1：图像自动置于文件中心位置**）

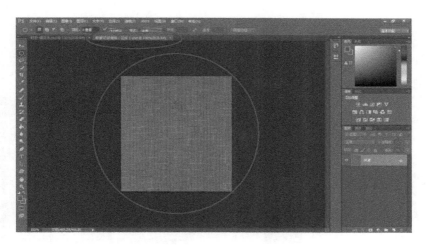

图 2-274　花纹图像显示

图 2-275　文字位置标注

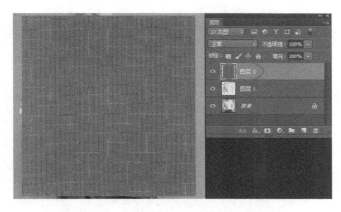

图 2-276　图像效果及"图层"面板显示

第 5 步：扭曲变形"花纹"图案

根据衣服的褶皱起伏情况，变形将要替换的"花纹"图案。在"图层"面板中选中"图层 2"图层，选择"滤镜"→"扭曲"→"置换"命令，如图 2-277 所示，弹出"置换"对话框，通过设置"水平比例"与"垂直比例"数值来设置扭曲的程度，"水平比例"与"垂直比例"数值越大，变形越严重。根据此图像的情况，将水平与垂直比例的数值分别设置为10，单击"确定"按钮，如图 2-278 所示，弹出"选取一个置换图"对话框，选择第一次保存的"衬衣-源文件.psd"分层文件，单击"打开"按钮，如图 2-279 所示，"花纹"图案产生了扭曲变化，效果如图 2-280 所示。

图 2-277　选择"置换"命令

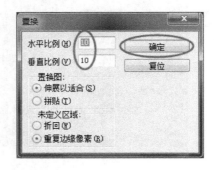

图 2-278　"置换"对话框

图 2-279　"选取一个置换图"对话框

图 2-280　"花纹"扭曲效果

第 6 步：删除"衬衣"以外的多余内容

选中"图层 1"图层，按住〈Ctrl〉键不放，将光标移动到"图层 1"的缩览图上并单击，小缩览图位置标注如图 2-281 所示，此时"衬衣"轮廓选区将自动出现在画面中，效果如图 2-282 所示，释放〈Ctrl〉键。

图 2-281　缩览图位置标注

图 2-282　图像效果

反选选区，以选中"衬衣"以外的内容。按〈Shift+Ctrl+I〉组合键，选区产生反选变化，如图 2-283 所示。选中"图层 2"图层，如图 2-284 所示，按〈Delete〉键删除选区内容，效果如图 2-285 所示，最后按〈Ctrl+D〉组合键，取消选区，如图 2-286 所示。（**小知识 27：删除选区以外的内容**）

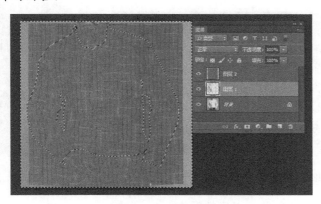

图 2-283　反选选区

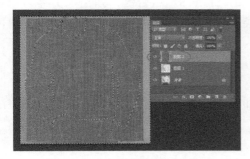

图 2-284　选中"图层 2"图层

图 2-285　删除反选选区内容后的图像效果

第 7 步：修改"花纹"图层的混合模式
在"图层"面板中选中"图层 2"图层，并将这一图层的混合模式修改为"正片叠

底"，如图 2-287 所示。（**小知识 39：混合模式**）

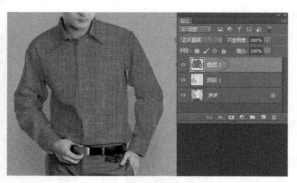

图 2-286　取消选区后的图像效果　　　　图 2-287　修改图层混合模式后的图像效果

第 8 步：处理"花纹"边缘

保持"图层 2"图层处于选中状态，在工具箱中选择"模糊"工具![icon]，并在其选项栏中预设此工具，选择边缘柔和的画笔笔刷，将模糊"强度"设置为 30%，如图 2-288 所示。将光标移动到衬衣边缘，按住鼠标左键不放并移动光标，在边缘涂抹，使之更好地与原图像吻合，释放鼠标左键，效果如图 2-289 所示。（**小知识 38：模糊工具**）

图 2-288　"模糊"工具选项栏预设　　　　图 2-289　最终的图像效果

第 9 步：保存替换着装花纹以后的图像

选择"文件"→"存储为"命令，或按〈Ctrl+Shift+S〉组合键，弹出"另存为"对话框，选择存储路径并命名文件，将文件的保存类型设置为 PSD 格式，以方便后期编辑，单击"保存"按钮，完成存储操作。

2.6.2　使用"油漆桶"工具替换

根据图 2-247 中的人物着装情况，使用"油漆桶"工具替换着装花纹的具体操作方法及步骤如下。

第 1 步：打开需要替换着装花纹的图像

打开 Photoshop，选择"文件"→"打开"命令，弹出"打开"对话框，或按〈Ctrl+O〉组合键，打开从网盘下载的"Photoshop 图形图像处理实用教程图像库\第 2 章\着装花纹替换（人物 1）.jpg"文件，图像窗口显示如图 2-290 所示。

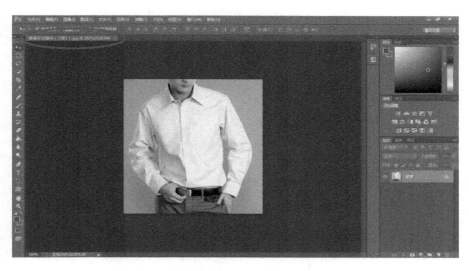

图 2-290　图像文件窗口显示

第 2 步：抠取衬衣

绘制衬衣轮廓闭合路径。在"图层"面板中选中"背景"图层，在工具箱中选择"钢笔"工具 ，并在其选项栏中进行预设，如图 2-291 所示，将光标移动到衬衣边缘，使用"钢笔"工具，配合〈Alt〉键绘制衬衣轮廓闭合路径，如图 2-292 所示。（**小知识 9：使用钢笔工具绘制路径**）

路径变选区。将光标移动到图像上并右击，在弹出的快捷菜单中选择"建立选区"命令，如图 2-293 所示，弹出"建立选区"对话框，单击"确定"按钮，如图 2-294 所示，此时所绘制的路径就变成了虚线选区，效果如图 2-295 所示。在此需要特别注意的是，路径变为选区的快捷操作是：在绘制完衬衣轮廓路径后，将光标移动到图像上，按〈Ctrl+Enter〉组合键，路径就会变成选区。

图 2-291　"钢笔"工具选项栏预设

图 2-292　绘制衬衣轮廓闭合路径

图 2-293　选择"建立选区"命令

图 2-294 "建立选区"对话框　　　　　　　　　图 2-295　选区效果

复制选区内容。画面中出现选区后，按〈Ctrl+J〉组合键复制选区内容，此时"图层"面板中多出一个名为"图层 1"的新图层，并且画面中的虚线选区消失，如图 2-296所示。

第二次绘制闭合路径。选中"图层 1"图层，再次在工具箱中选择"钢笔"工具，将光标移动到如图 2-297 所标注的背景位置，配合〈Alt〉键绘制闭合路径。

图 2-296　图像效果及"图层"面板　　　　　　　图 2-297　位置标注

第二次路径变选区。绘制完闭合路径后，按〈Ctrl+Enter〉组合键，使路径变成选区，如图 2-298 所示，再在"图层"面板中隐藏"背景"图层，最后按〈Delete〉键删除选区内容，效果如图 2-299 所示。按〈Ctrl+D〉组合键，取消虚线选区，效果如图 2-300 所示。

图 2-298　选区效果　　　　　图 2-299　删除选区内容后的效果　　　　图 2-300　取消选区后的图像效果

选中"图层 1"图层，用相同的操作方法重复以上操作，将如图 2-301 中所标注的背景内容删除，效果如图 2-302 所示。

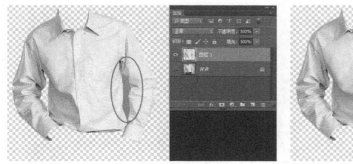

图 2-301　位置标注　　　　　　　　　　　　图 2-302　删除背景后的图像效果

第 3 步：填充图案

在"图层"面板中选中"图层 1"图层，按住〈Ctrl〉键不放，单击"图层 1"的缩览图，位置标注如图 2-303 所示，图像区域再次出现衬衣轮廓选区，效果如图 2-304 所示。

图 2-303　缩览图位置标注　　　　　　　　　图 2-304　衬衣轮廓选区效果

确保"图层 1"图层处于选中状态，按〈Ctrl+Shift+Alt+N〉组合键，在"图层 1"图层上方创建一个名为"图层 2"的空图层，并选中这一图层，如图 2-305 所示。

图 2-305　创建新图层后的"图层"面板

小知识30："油漆桶"工具

"油漆桶"工具在工具箱中的位置如图 2-306 所示，常用此工具在图像或选区中填充前景色或"图案"。

1. 选项栏介绍

"油漆桶"工具的选项栏包括"填充选项""模式""不透明度""容差""消除锯齿""连续的"和"所有图层"等内容，如图 2-307 所示。

填充选项：包括填充"前景"和"图案"两大类。

模式：用来设置填充内容的混合模式。

不透明度：用来设置填充内容的不透明程度。

容差：用来定义填充像素颜色的相似程度，其数值在 0～255 之间。所设置的容差数值越小，在鼠标单击处所填充的色彩区域越小；容差数值越大，在鼠标单击处所填充的色彩区域越大。

图 2-306 "油漆桶"工具在工具箱中的位置

图 2-307 "油漆桶"工具选项栏

消除锯齿：选择该复选框可以平滑填充选区的边缘。

连续的：选择该复选框，只填充图像中处于连续范围内的区域；取消选择该复选框，可以填充图像中的所有相似像素。

所有图层：选择该复选框，可以对所有可见图层中的合并颜色数据填充像素；取消选择该复选框，仅填充当前所选择的图层。

2. 填充前景色的操作方法

第一步，在"图层"面板中创建一个空图层，将光标移动到画布中，选择工具箱中的一种"绘制选区"工具绘制选区。第二步，在工具箱中预设前景色的颜色。第三步，在工具箱中选择"油漆桶"工具，并对其进行预设，将填充模式设置为"前景"。第四步，将光标移动到选区位置并单击，完成前景色色彩的填充。在此需要特别注意的是，若想在整个图层中都填充前景色色彩，在"图层"面板中创建一个空图层后，不用绘制选区，直接用"油漆桶"工具填充颜色，即可完成整个图层色彩的填充。

3. 填充"图案"的操作方法

第一步，在"图层"面板中创建一个空图层，将光标移动到画布中，选择工具箱中的一种"绘制选区"工具绘制选区。第二步，在工具箱中选择"油漆桶"工具，并对其进行预设，将填充模式设置为"图案"，并在如图 2-308 所标注的位置选择一种自带图案，用户也可以自创图案。第三步，将光标移动到选区位置并单击，完成"图案"的填充。在此需要特别注意的是，若想在整个图层中都填充"图案"，在"图层"面板中创建一个空图层后，不用绘制选区，直接用"油漆桶"工具填充"图案"，即可完成整个图层的填充。

图 2-308 "油漆桶"工具选项栏预设

4. 追加"图案"

在选项栏中单击如图 2-309 所标注的"小梅花"图标,打开选项菜单,选择要追加的图案类型,弹出如图 2-310 所示的提示对话框,单击"追加"按钮,完成"图案"的追加。

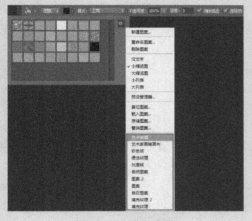

图 2-309 位置标注

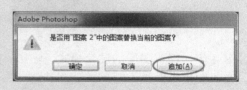

图 2-310 提示对话框

创建完新图层后,在工具箱中选择"油漆桶"工具,并在选项栏中对其进行预设,先将填充模式设置为"图案",再按照如图 2-311 中所标注的"1""2"和"3"操作顺序选择相应的命令,这里以选择追加"彩色纸"为例,选择"彩色纸"命令后,弹出如图 2-312 所示的提示对话框,单击"追加"按钮,完成"彩色纸"图案的追加,追加后的效果如图 2-313 所示。(**小知识 30:油漆桶工具**)

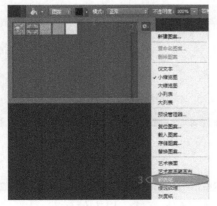

图 2-311 追加图案操作步骤示意

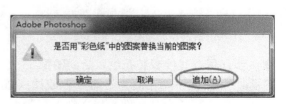

图 2-312 提示对话框

追加完"彩色纸"图案后，选择如图 2-314 中所标注的图案，检查并确保"图层 2"图层为选中状态，将光标移动到衬衣选区中单击，完成衬衣选区的填充，填充后的效果如图 2-315 所示，按〈Ctrl+D〉组合键，取消虚线选区，效果如图 2-316 所示。

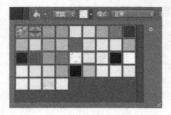

图 2-313　追加图案后的效果

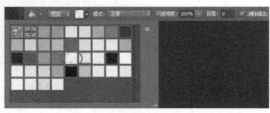

图 2-314　图案标注

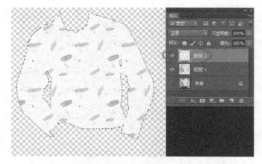

图 2-315　衬衣选区填充效果

图 2-316　取消选区后的效果

第 4 步：修改图层的混合模式

在"图层"面板中显示"背景"与"图层 2"图层，隐藏"图层 1"图层，如图 2-317 所示，选中"图层 2"图层，并将这一图层的混合模式修改为"正片叠底""线性加深""柔光"或"划分"中的一种，用户可以根据个人喜好选择不同的混合模式，这里以选择"正片叠底"为例，修改图层混合模式后的图像效果及"图层"面板如图 2-318 所示。（**小知识 39：混合模式**）

图 2-317　显隐图层

图 2-318　"正片叠底"混合模式效果

第 5 步：保存替换着装花纹以后的图像

选择"文件"→"存储为"命令，或按〈Ctrl+Shift+S〉组合键，弹出"另存为"对话框，选择存储路径并命名文件，将文件保存类型设置为 PSD 格式，以方便后期编辑，单击"保存"按钮，完成存储操作。

2.7　着装局部色彩替换

导读：拍摄照片之后，有时需要对画面中的局部色彩进行替换，本节就来学习图像的局部色彩替换方法。在学习该方法之前，先来看一组对比图像，使读者对本节所学习的内容有一个大致了解。以下给出的图像中，图 2-319 所示为原图，图 2-320 所示为裙子替换颜色后的效果。

图 2-319　原图

图 2-320　为裙子替换颜色

在 Photoshop 中，替换图像的局部色彩的操作方法有多种，在此通过处理一张图像来学习两种局部色彩替换的操作方法。第一种替换方法是先使用工具箱中的"钢笔"工具或"快速选择"工具对所需替换色彩的区域进行抠图，之后通过调整其"色相/饱和度"完成色彩的替换，此种替换方法的优点是，所替换的颜色比较均匀，替换的区域范围误差小。第二种替换方法是直接选择"图像"→"调整"→"替换颜色"命令，完成色彩的替换，此种方法处理起来速度比较快，但对所替换的色彩内容只是一个大概的范围。

2.7.1　调整"色相/饱和度"替换

针对图 2-319 中裙子的色彩情况，通过调整"色相/饱和度"替换局部色彩的具体操作方法及步骤如下。

第 1 步：打开需要替换局部色彩的图像

打开 Photoshop，选择"文件"→"打开"命令，弹出"打开"对话框，或按〈Ctrl+O〉组合键，打开从网盘下载的"Photoshop 图形图像处理实用教程图像库\第 2 章\图像局部色彩替换（人物 1）.jpg"文件，图像窗口显示如图 2-321 所示。

图 2-321　图像文件窗口显示

第2步：复制"背景"图层

在"图层"面板中选中"背景"图层，按〈Ctrl+J〉组合键，或按住鼠标左键不放将"背景"图层拖曳到"图层"面板右下方的"创建新图层"按钮上，如图 2-322 所示，之后释放鼠标左键，以实现"背景"图层的复制。复制后的图层名称为"图层 1"，选中该图层，如图 2-323 所示，在这里复制图层的目的是万一误删图像后做备用图像。（**小知识 13：复制图层**）

图 2-322 "创建新图层"按钮位置标注

图 2-323 复制图层后的"图层"面板

第3步：抠取裙子

绘制裙子轮廓路径。在工具箱中选择"钢笔"工具，在选项栏中对其进行预设，选择绘制"路径"，如图 2-324 所示。将光标移动到裙子边缘，使用"钢笔"工具，配合〈Alt〉键绘制裙子轮廓闭合路径，过程如图 2-325 和图 2-326 所示。（**小知识 9：使用钢笔工具绘制路径**）

图 2-324 "钢笔"工具选项栏预设

图 2-325 绘制路径过程 1

图 2-326 绘制路径过程 2

将路径变为选区。绘制完裙子轮廓路径后，将光标移动到图像上并右击，在弹出的快捷菜单中选择"建立选区"命令，如图 2-327 所示。接着弹出"建立选区"对话框，单击"确定"按钮，如图 2-328 所示，此时所绘制的路径就变成了虚线选区，效果如图 2-329 所示。在此需要特别注意的是，路径变为选区的快捷操作是：在绘制完裙子轮廓路径后，将光标移动到图像上，按〈Ctrl+Enter〉组合键，路径就会变成选区。

图 2-327 选择"建立选区"命令　　图 2-328 "建立选区"对话框　　　图 2-329 选区效果

　　复制选区内容。在"图层"面板中检查并确保"图层 1"图层处于选中状态，按〈Ctrl+J〉组合键，复制选区内容，此时在"图层 1"图层上方将生成一个名为"图层 2"的新图层，虚线选区消失，如图 2-330 所示。

图 2-330 图像效果及"图层"面板

第 4 步：调整裙子颜色
小知识 31：色相/饱和度

通过使用"色相/饱和度"命令，可以调整整张图像或选区内容的色相、饱和度和明度，同时也可以对单个通道进行调整，该命令的使用频率较高。

1. 操作方法

在"图层"面板中先选中内容所在的图层，之后选择"图像""调整"→"色相/饱和度"命令，如图 2-331 所示，或按〈Ctrl+U〉组合键，弹出"色相/饱和度"对话框，如

图 2-332 所示，通过向左或向右拖曳"色相""饱和度"和"明度"下面的色标滑块，以调整图像、选区或通道内容的色相、饱和度和明度。

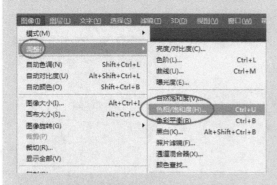

图 2-331　选择"色相/饱和度"命令　　　　　　　　图 2-332　"色相/饱和度"对话框

2. "色相/饱和度"对话框的介绍

预设：在"预设"下拉列表框中共提供了 8 种"色相/饱和度"预设，如图 2-333 所示。每种预设效果各不相同，分别如图 2-334～图 2-341 所示。

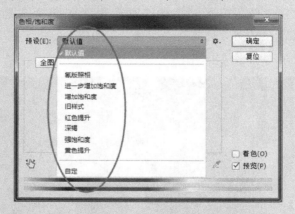

图 2-333　8 种"色相/饱和度"预设

图 2-334　氰版照相　　图 2-335　进一步增加饱和度　　图 2-336　增加饱和度　　图 2-337　旧样式

图 2-338 红色提升 　　图 2-339 深褐 　　图 2-340 强饱和度 　　图 2-341 黄色提升

　　预设选项：单击"小梅花"图标，在打开的下拉菜单中可以对当前设置的参数进行保存或载入外部预设调整文件，如图 2-342 所示。

　　通道下拉列表框：在通道下拉列表框中可以选择"全图""红色""黄色""绿色""青色""蓝色"和"洋红"通道进行调整，如图 2-343 所示。

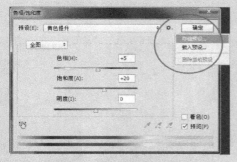 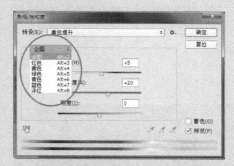

图 2-342 "预设"下拉菜单 　　　　　　图 2-343 "通道"下拉列表框

　　确保"图层 2"图层处于选中状态，按〈Ctrl+U〉组合键，弹出"色相/饱和度"对话框，通过向左或向右拖曳"色相""饱和度"和"明度"下面的色标滑块，调整裙子的颜色。用户可以根据个人喜好调整裙子的色彩，在此设置如图 2-344 所示，单击"确定"按钮，图像效果如图 2-345 所示。

图 2-344 设置"色相/饱和度"对话框 　　　图 2-345 替换颜色以后的图像效果

第 5 步：模糊裙子边缘

在工具箱中选择"模糊"工具 ，在此工具的选项栏中对其进行预设，选择边缘柔和的笔刷，修改模糊强度，在此预设如图 2-346 所示。（**小知识 38：模糊工具**）

将光标移动到黄色裙子边缘，按住鼠标左键不放，移动光标，在裙子边缘涂抹以柔化边缘，使之很好地与底图融合，释放鼠标左键，效果对比如图 2-347 和图 2-348 所示，最终的图像效果及"图层"面板如图 2-349 所示。

图 2-346 "模糊"工具选项栏预设

图 2-347 边缘模糊前

图 2-348 边缘模糊后

图 2-349 图像效果及"图层"面板

第 6 步：保存替换局部色彩后的图像

选择"文件"→"存储为"命令，或按〈Ctrl+Shift+S〉组合键，弹出"另存为"对话框，选择存储路径并命名文件，将文件的保存类型设置为 PSD 格式，以方便后期编辑，单击"保存"按钮，完成存储操作。

2.7.2 使用"替换颜色"命令替换

针对图 2-319 中裙子的色彩情况，使用"替换颜色"命令替换局部色彩的具体操作方法及步骤如下。

第 1 步：打开需要替换局部色彩的图像

打开 Photoshop，选择"文件"→"打开"命令，弹出"打开"对话框，或按〈Ctrl+O〉组合键，打开从网盘下载的"Photoshop 图形图像处理实用教程图像库\第 2 章\图像局部色彩替换（人物1）.jpg"文件，图像窗口显示如图 2-350 所示。

图 2-350　图像文件窗口显示

第 2 步：复制"背景"图层

在"图层"面板中选中"背景"图层，按〈Ctrl+J〉组合键，或按住鼠标左键不放将"背景"图层拖曳到"图层"面板右下方的"创建新图层"按钮上，如图 2-351 所示，之后释放鼠标左键，以实现"背景"图层的复制。复制后的图层名称为"图层 1"，选中该图层，如图 2-352 所示，在这里复制图层的目的是万一误删图像后做备用图像。（**小知识 13：复制图层**）

图 2-351　"创建新图层"按钮位置标注

图 2-352　复制图层后的"图层"面板

第 3 步：裙子颜色替换

小知识 32：替换颜色

使用"替换颜色"命令，可以将选定的颜色替换为其他色彩，色彩的替换是通过改变选定颜色的色相、饱和度和明度来实现的。

1. 使用方法

在"图层"面板中先选中内容所在的图层，之后选择"图像"→"调整"→"替换颜色"命令，如图 2-353 所示，弹出"替换颜色"对话框，如图 2-354 所示，在其中吸取颜色并替换颜色。

图 2-353　选择"替换颜色"命令　　　　　图 2-354　"替换颜色"对话框

2．"替换颜色"对话框的介绍

吸管：使用"吸管"工具 在图像上单击，可以选中单击区域的色彩，同时在选区缩览图中也会显示选中的颜色区域，白色代表选中的颜色，黑色代表未选中的颜色，如图 2-355 所示。使用"添加到取样"工具 ，第二次在图像上单击时可以将单击处的颜色添加到选中的颜色中，如图 2-356 所示。使用"从取样中减去"工具 ，第三次在图像上单击时可以将单击处的颜色从选中的颜色区域减去，如图 2-357 所示。

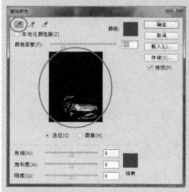

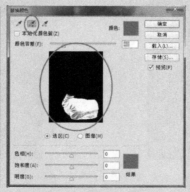

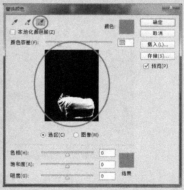

图 2-355　选中选区范围　　　图 2-356　从取样中添加选区范围　　　图 2-357　从取样中减去选区范围

本地化颜色簇：该选项主要用来在图像上选择多种颜色。若想在图像中选择蓝色和紫色，可以先选择该复选框，用"吸管"工具在蓝色区域单击，所选中的范围效果如图 2-358 所示，再使用"添加到取样"工具在紫色区域上单击，所选中的范围增大，如图 2-359 所示。

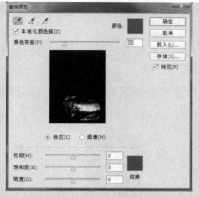

图 2-358　选中的范围效果（蓝色）　　　　图 2-359　选中的范围增大效果（蓝色和紫色）

　　颜色：颜色选项用于显示选中的颜色，如图 2-360 所示。

　　颜色容差：该选项用来控制所选颜色的范围，数值越大，所选中的颜色范围越大，如图 2-361 所示。

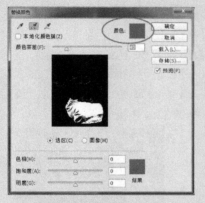
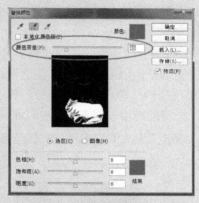

图 2-360　"颜色"选项　　　　　　　　图 2-361　"颜色容差"选项

　　选区/图像：若选择"选区"单选按钮，可以以蒙版方式进行显示，其中白色表示选中的颜色，黑色表示未选中的颜色，灰色表示选中了部分颜色，如图 2-362 所示；若选择"图像"单选按钮，则只显示图像效果，如图 2-363 所示。

图 2-362　"选区"单选按钮　　　　　　图 2-363　"图像"单选按钮

结果：该选项用于显示结果的颜色，同时也可以用来选择替换的结果颜色，如图 2-364 所示。

色相/饱和度/明度：通过向左或向右滑动"色相""饱和度""明度"上的色标滑块，以调节图像，如图 2-365 所示。

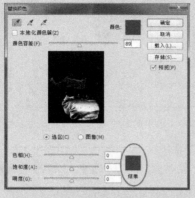

图 2-364 "结果"选项

图 2-365 "色相""饱和度"和"明度"选项

在"图层"面板中选中"图层 1"图层，选择"图像"→"调整"→"替换颜色"命令，弹出"替换颜色"对话框，将"颜色容差"数值设置为 109，用该面板中的"吸管"工具，在裙子区域单击以吸取颜色，在这一过程中也可以使用"添加到取样"工具加选选区范围。接下来再修改"色相""饱和度"和"明度"数值，如图 2-366 所示，最后单击"确定"按钮，最终的图像效果如图 2-367 所示。（**小知识 32：替换颜色**）

图 2-366 参数预设

图 2-367 最终的图像效果

第 4 步：保存替换局部色彩后的图像

选择"文件"→"存储为"命令，或按〈Ctrl+Shift+S〉组合键，弹出"另存为"对话框，选择存储路径并命名文件，将文件的保存类型设置为 PSD 格式，以方便后期编辑，单击"保存"按钮，完成存储操作。

2.8 增强画面质感

导读：数字图像有时会因设备、光线或画面主体本身的原因，导致画面第一眼看上去很普通，也不能深刻地触动人的心灵。为了让画面内容更加生动感人，可以用 Photoshop 对图像进行后期质感处理，更加彰显画面中的主体或背景，增强画面内容的感染力，使其呈现在观赏者眼前时能够打动心灵。

在学习本节内容之前，先来看一组图像，图 2-368 所示为原图，图 2-369 所示为经过质感增强后的效果。通过对比可以发现，经过处理后的画面色彩对比度更加强烈，画面主体形象更加突出、生动。

图 2-368　原图　　　　　　　　　图 2-369　处理后的效果

根据图 2-368 中的画面情况，画面质感增强的具体操作方法及步骤如下。

第 1 步：打开需要增强质感的图像

打开 Photoshop，选择"文件"→"打开"命令，弹出"打开"对话框，或按〈Ctrl+O〉组合键，打开从网盘下载的"Photoshop 图形图像处理实用教程图像库\第 2 章\图像画面质感增强练习（小男孩 1）.jpg"文件，图像窗口显示如图 2-370 所示。

图 2-370　图像文件窗口显示

第 2 步：复制两次"背景"图层

在"图层"面板中选中"背景"图层，按两次〈Ctrl+J〉组合键，或按住鼠标左键不放将"背景"图层拖曳到"图层"面板右下方的"创建新图层"按钮上，如图 2-371 所示，之后释放鼠标左键，实现"背景"图层的两次复制。复制后的图层名称分别为"图层 1"和"图层

1 拷贝"，如图 2-372 所示。（小知识 13：复制图层）

图 2-371　"创建新图层"按钮位置标注　　　　图 2-372　复制两次图层后的"图层"面板

第 3 步：显隐图层，并修改图层的混合模式

在"图层"面板中隐藏"图层 1 拷贝"图层，并把"图层 1"图层的混合模式修改为"滤色"，其目的是提亮画面，效果如图 2-373 所示。（小知识 39：混合模式）

图 2-373　图像效果及"图层"面板

第 4 步：高光处理

在"图层"面板中选中"图层 1 拷贝"图层，单击"图层"面板下方的"添加图层蒙版"按钮，如图 2-374 所示，此时在"图层 1 拷贝"图层的缩览图右侧多出一个白色的图层蒙版缩览图，如图 2-375 所示。

在工具箱中将前景色的颜色设置为黑色，并选择"画笔"工具，如图 2-376 所示，在"画笔"工具的选项栏中对其进行预设，将画笔笔刷"大小"设置为 38，将"不透明度"设置为 70%，将"流量"设置为 50%，如图 2-377 所示。

检查并确保"图层 1 拷贝"图层的图层蒙版缩览图处于选中状态，再将光标移动到图像中的高光区域，按住鼠标左键不放，使用"画笔"工具进行涂抹，以露出下面一个图层

（"图层 1"）中的高光区域，图像效果及"图层"面板显示如图 2-378 所示。（**小知识 37：图层蒙版**）

图 2-374　单击"添加图层蒙版"按钮

图 2-375　"图层"面板

图 2-376　选择"画笔"工具

图 2-377　"画笔"工具选项栏预设

图 2-378　图像效果及"图层"面板显示

第 5 步：盖印图层

在"图层"面板中选中最上面的"图层 1 拷贝"图层，按〈Shift+Ctrl+Alt+E〉组合键以盖印图层，此时在"图层 1 拷贝"图层的上方将出现一个名为"图层 2"的新图层，该图层是下面 3 个可见图层合并以后产生的综合图层，如图 2-379 所示。

第 6 步：添加"通道混合器"调整图层

检查并确保"图层 2"图层处于选中状态，单击"图层"面板底部的"创建新的填充或调整图层"按钮，如图 2-380 所示，打开下拉列表框，如图 2-381 所示，选择"通道混合器"选项，如图 2-382 所示。

图 2-379　盖印图层后的"图层"面板　　　　图 2-380　单击"创建新的填充或调整图层"按钮

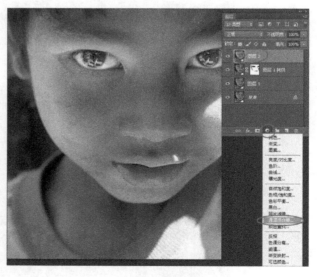

图 2-381　"创建新的填充或
调整图层"下拉列表框　　　　　　图 2-382　选择"通道混合器"选项

选择"通道混合器"选项后，将打开其"属性"面板，选择"单色"复选框，并向左或向右滑动"红色""绿色"和"蓝色"上的色标滑块，以调整图像的黑白对比度。在这里尽量拉大图像的黑白对比关系，参数设置如图 2-383 所示，最后单击关闭按钮，隐藏面板。

选择"通道混合器"调整图层，将该图层的混合模式修改为"正片叠底"，以拉大图像的色彩对比度，此时的图像效果及"图层"面板显示如图 2-384 所示。（**小知识 39：混合模式**）

图 2-383　设置"属性"面板　　　　　　图 2-384　图像效果及"图层"面板显示

第 7 步：第二次盖印图层并复制图层

在"图层"面板中选中最上面的"通道混合器"调整图层，按〈Shift+Ctrl+Alt+E〉组合键以盖印图层，在"通道混合器"调整图层上方将出现一个名为"图层 3"的新图层，如图 2-385 所示。

选中"图层 3"图层，按〈Ctrl+J〉组合键以复制"图层 3"图层，此时在"图层 3"图层上方将出现一个名为"图层 3 拷贝"的图层，如图 2-386 所示。（**小知识 13：复制图层**）

图 2-385　第二次盖印图层后的"图层"面板　　　图 2-386　复制图层后的"图层"面板

第8步：增加画面细节并增强整体画面质感

在"图层"面板中选中最上面的"图层 3 拷贝"图层，选择"滤镜"→"其他"→"高反差保留"命令，如图 2-387，弹出"高反差保留"对话框，将"半径"设置为 2.5 像素，以增加画面细节并增强整体质感，单击"确定"按钮，如图 2-388 所示，此时的图像效果及"图层"面板显示如图 2-389 所示。

图 2-387　选择"高反差保留"命令

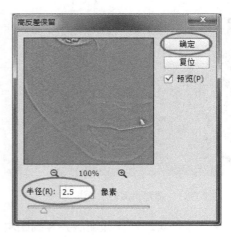

图 2-388　"高反差保留"对话框

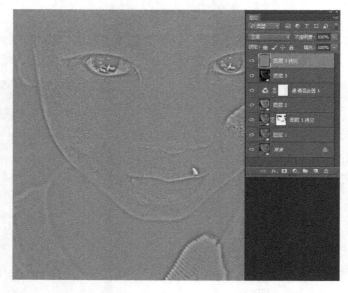

图 2-389　图像效果及"图层"面板显示

小知识 33：高反差保留

"高反差保留"滤镜可以在具有强烈颜色变化的区域按照指定的半径保留边缘细节，并且不显示图像的其余部分。在"高反差保留"对话框中,"半径"选项用来设置滤镜处理分析图像像素的范围,数值越大,所保留的原始像素信息越多,反之越少。当数值为 0.1 像素时,仅保留图像的边缘像素。

检查并确保"图层 3 拷贝"图层处于选中状态,并将该图层的混合模式修改为"柔光"模式,将"不透明度"设置为 50%,如图 2-390 所示,增强画面质感以后的图像效果显示如图 2-391 所示。(**小知识 39:混合模式**)

图 2-390 "图层"面板显示

图 2-391 图像的最终效果

第 9 步:保存增强整体画面质感后的图像

选择"文件"→"存储为"命令,或按〈Ctrl+Shift+S〉组合键,弹出"另存为"对话框,选择存储路径并命名文件,将文件的保存类型设置为 PSD 格式,以方便后期编辑,单击"保存"按钮,完成存储操作。

第3章 景象及静物处理

本章中的知识内容主要针对景物或静物图像进行处理。通过本章案例的学习，可以解决景物或静物图像中的缺陷问题，如通过图像合成替换蓝天色彩或做创意蒙太奇；通过调整图像色彩、明度和对比度等信息强化图像内容；通过虚化处理、打光和贴图操作凸显主体等，最终满足观赏者或用户的视觉需求、心理需求和创作需求。

3.1 图像合成

导读： 图像合成是指对多张图像中的部分内容重新组合，以产生新的画面效果。学会图像合成的操作方法，可以辅助实现图像的创意化再创造，也可弥补图像缺陷。在学习本节内容之前，先来看几组图像，对图像合成效果有一个大致了解。图3-1、图3-2、图3-4、图3-5、图3-6、图3-8、图3-9、图3-11 和图3-12 所示为素材图像，图3-3、图3-7、图3-10、图3-13 所示为多张素材合成后的画面效果。

图 3-1　素材 1

图 3-2　素材 2

图 3-3　图像 1、2 合成效果

图 3-4　素材 3

图 3-5　素材 4

图 3-6　素材 5

图 3-7　图像 3、4、5 合成效果

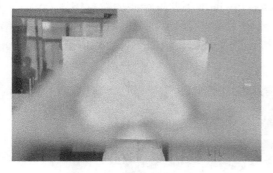
图 3-8　素材 6

图 3-9　素材 7

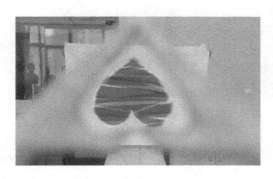
图 3-10　图像 6、7 合成效果

图 3-11　素材 8

图 3-12　素材 9

图 3-13　图像 8、9 合成效果

在 Photoshop 中，图像合成的操作方法有多种，本节通过合成 4 张图像来学习 4 种图像合成的操作方法。分别是通过"羽化选区"合成图像、通过"添加图层蒙版"合成图像、通过抠图合成图像，以及通过设置图层混合模式合成图像。

3.1.1 通过"羽化选区"合成

根据图 3-3 中的画面合成情况，通过"羽化选区"合成图像的具体操作方法及步骤如下。

第 1 步：打开两张素材图像

打开 Photoshop，选择"文件"→"打开"命令，弹出"打开"对话框，或按〈Ctrl+O〉组合键，打开从网盘下载的"Photoshop 图形图像处理实用教程图像库\第 3 章\羽化选区合成图像（小狗一）.jpg"和"Photoshop 图形图像处理实用教程图像库\第 3 章\羽化选区合成图像（小狗二）.jpg"两张图像文件，图像窗口显示如图 3-14 所示。（**小知识 6：快捷打开多个文件**）

图 3-14　多张图像文件窗口显示

第 2 步："背景"图层转换为普通图层

选择"羽化选区合成图像（小狗一）.jpg"图像文件，在"图层"面板中选中"背景"图层，按住〈Alt〉键不放，双击"背景"图层，之后释放〈Alt〉键，"背景"图层将直接转换为普通图层，此时的图层名称变为"图层 0"，图层转换前后如图 3-15 和图 3-16 所示。（**小知识 5："背景"图层转换为普通图层**）

图 3-15　"背景"图层

图 3-16　普通图层

第 3 步：大致绘制小狗的轮廓选区

在"图层"面板中选中"图层 0"图层，在工具箱中选择"套索"工具 ，将光标定位到小狗周围，按住鼠标左键不放，拖曳鼠标绘制小狗边缘轮廓选区，如图 3-17 所示，释放鼠标左键。（小知识 18：套索工具）

第 4 步：羽化选区半径

选择"选择"→"修改"→"羽化"命令，如图 3-18 所示，或按〈Shift+F6〉组合键，弹出"羽化选区"对话框，将"羽化半径"设置为 20 像素，如图 3-19 所示，单击"确定"按钮，完成羽化设置，可以发现此时选区形状发生变化，其边缘变得更加平滑，如图 3-20 所示。（小知识 34：羽化）

图 3-17　选区效果　　　　图 3-18　选择"羽化"命令　　　　图 3-19　"羽化选区"对话框

第 5 步：移动选区内容

在工具箱中选择"移动"工具 ，将光标移动到羽化后的选区内，按住鼠标左键不放，先将选区内容拖动到"标题栏"处的"羽化选区合成图像（小狗二）.jpg"文字上，位置标注如图 3-21 所示，保持按住鼠标左键不放，软件会自动切换到"羽化选区合成图像（小狗二）.jpg"图像窗口中，继续移动光标，将选区内容拖动到"羽化选区合成图像（小狗二）"的图像区域，释放鼠标左键，图像效果如图 3-22 所示。

图 3-20　选区变化　　　　　　　　　　　　图 3-21　位置标注

在此需要特别注意的是，在移动选区内容的过程中，按住〈Shift〉键不放，可以实现选区内容置于"羽化选区合成图像（小狗二）.jpg"图像文件的正中位置，效果如图 3-23 所示。(**小知识 1：图像自动置于文件中心位置**)

图 3-22　图像效果　　　　　　　　　　　　　　　图 3-23　正中位置效果

小知识 34：羽化

　　"羽化选区"是指对选区的边缘进行模糊化，此种模糊方式将丢失选区边缘的部分细节。"羽化半径"数值设置得越大，选区内的内容边缘越模糊；反之，选区内的内容边缘越清晰，对比效果如图 3-24 所示。

图 3-24　多种羽化效果对比

　　羽化选区有两种方法。

　　方法一：第一步，使用工具箱中的选框工具、套索工具或其他创建选区的命令，创建选区，在此所绘制的选区形状如图 3-25 所示。第二步，选择"选择"→"修改"→"羽化"命令，位置如图 3-26 所示，或按〈Shift+F6〉组合键，弹出"羽化选区"对话框，在其中设置"羽化半径"数值，在此把"羽化半径"数值设置为 20 像素，如图 3-27 所示，单击"确定"按钮，完成选区的羽化设置。此时选区形状发生变化，其边缘变得更加平滑，效果如图 3-28 所示。第三步，使用"移动"工具将羽化后的选区拖动至其他文件中，效果如图 3-29 所示。

　　在此需要特别注意的是，"羽化半径"的最小数值为 0.1 像素。如果所绘制的选区较小，而"羽化半径"数值又设置得特别大时，会弹出如图 3-30 所示的警告对话框，单击"确定"按钮，表示应用了当前所设置的"羽化半径"数值，只是在画面中观察不到，但是选区仍然存在，因此"羽化半径"的数值要根据图像选区的情况合理进行设置，以达到预期的羽化效果。

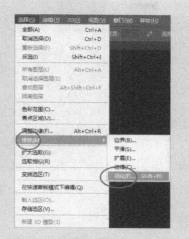
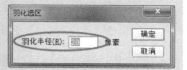

图 3-25 绘制选区 　　图 3-26 "羽化"命令在菜单栏中的位置　图 3-27 "羽化选区"对话框

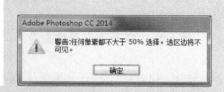

图 3-28 羽化后的选区变化 　　图 3-29 羽化选区后的图像效果 　　图 3-30 警告对话框

　　方法二: 第一步,在使用选框工具、套索工具等绘制选区工具绘制选区之前,先在各工具的选项栏中设置好"羽化"数值,位置标注如图 3-31 所示。第二步,绘制选区。第三步,使用"移动"工具将羽化后的选区拖动至其他文件中。

图 3-31 "套索"工具选项栏"羽化"设置位置标注

　　第 6 步:调整位置

　　将羽化后的选区内容(小狗一)移动到"羽化选区合成图像(小狗二).jpg"图像文件中后,在"图层"面板中多出一个名为"图层 1"的图层,选中该图层,如图 3-32 所示。在工具箱中选择"移动"工具，将光标移动到羽化后的选区内容上(小狗一),按住鼠标左键不放,将其移动到图像中的合适位置,释放鼠标左键,最终的图像合成效果如图 3-33 所示。

图 3-32　"图层"面板　　　　　　　　　　图 3-33　最终的图像合成效果

第 7 步：保存合成后的图像

选择"文件"→"存储为"命令，或按〈Ctrl+Shift+S〉组合键，弹出"另存为"对话框，选择存储路径并命名文件，将文件的保存类型设置为 PSD 格式，以方便后期编辑，单击"保存"按钮，完成存储操作。

3.1.2　通过添加图层蒙版合成

根据图 3-7 中的画面合成情况，通过"添加图层蒙版"合成图像的具体操作方法及步骤如下。

第 1 步：打开 3 张素材图像

打开 Photoshop，选择"文件"→"打开"命令，弹出"打开"对话框，或按〈Ctrl+O〉组合键，打开从网盘下载的"Photoshop 图形图像处理实用教程图像库\第 3 章\蒙版合成图像练习（军舰）.jpg""Photoshop 图形图像处理实用教程图像库\第 3 章\蒙版合成图像练习（玻璃杯）.jpg"和"Photoshop 图形图像处理实用教程图像库\第 3 章\蒙版合成图像练习（蓝天）.jpg"3 张图像文件，图像窗口显示如图 3-34 所示。（**小知识 6：快捷打开多个文件**）

图 3-34　多张图像文件窗口显示

第 2 步：移动"蓝天"和"军舰"图像文件到"玻璃杯"图像文件中

将光标移动到"标题栏"位置，单击"蒙版合成图像练习（蓝天）.jpg"文字，确保显示该文件图像，如图 3-35 所示。在工具箱中选择"移动"工具 ，将光标移动到"蓝天"图像区域，按住鼠标左键和〈Shift〉键不放，拖动"蓝天"图像，先将其拖动到"标题栏"处的"蒙版合成图像练习（玻璃杯）.jpg"文字上，此时软件会自动切换显示"蒙版合成图像练习（玻璃杯）"图像文件，继续保持按住鼠标左键和〈Shift〉键不放，将"蓝天"图像拖动到"蒙版合成图像练习（玻璃杯）"文件的图像区域中，最后释放鼠标左键和〈Shift〉键，此时"蓝天"图像会自动置于"蒙版合成图像练习（玻璃杯）"图像文件的中心位置。最后的图像效果及"图层"面板显示如图 3-36 所示。**（小知识 1：图像自动置于文件中心位置）（小知识 35：显示指定文件）**

图 3-35　显示"蓝天"图像

图 3-36　图像效果及"图层"面板

用以上相同的拖动方法，再将"蒙版合成图像练习（军舰）"图像拖动到"蒙版合成图像练习（玻璃杯）"图像文件中，此时的图像效果及"图层"面板显示如图 3-37 所示。

图 3-37　图像效果及"图层"面板

小知识 35：显示指定文件

　　当在图像处理软件中同时打开多个文件时，所有文件的名称、格式和色彩模式等信息会显示在"标题栏"中，若想显示任意一个文件窗口，只需将光标移动到此文件的文件名称文字处并单击，即可完成文件窗口的切换显示，如图 3-38 所示。

图 3-38　"标题栏"切换图像窗口示意

第 3 步：关闭"蓝天"和"军舰"图像文件

　　将"蓝天"和"军舰"图像移动到"玻璃杯"图像文件中后，在"标题栏"处单击关闭按钮，位置标注如图 3-39 所示，分别关闭"蒙版合成图像练习（军舰）.jpg"文件和"蒙版合成图像练习（蓝天）.jpg"文件，此时的窗口显示如图 3-40 所示。

图 3-39　关闭按钮位置标注

图 3-40　窗口显示

第 4 步：隐藏"图层 1"（蓝天）图层

在"图层"面板中，单击"图层 1"图层左侧的"小眼睛"图标，位置标注如图 3-41所示，隐藏该图层中的内容。

图 3-41　隐藏"图层 1"图层

第 5 步：缩小并移动"军舰"图像

小知识 36：图像的缩小、放大及旋转

1. 预设缩小、放大或旋转图像时参考点的位置

图像的缩小、放大或旋转在默认情况下是以中心点为参考点的，可以在选项栏中预设参考点的位置，也可以手动修改参考点的位置。

方法一：在选项栏中预设参考点的位置。

第一步，在"图层"面板中选中图像所在的图层。第二步，按〈Ctrl+T〉组合键，图像边缘出现实线边框，并且激活选项栏，如图 3-42 所示。第三步，在选项栏中修改参考点的位置，标注如图 3-43 所示。

图 3-42　激活选项栏　　　　　　　　　　　　　图 3-43　修改参考点位置

方法二：手动修改参考点的位置。

第一步，在"图层"面板中选中图像所在的图层。第二步，按〈Ctrl+T〉组合键，图像边缘出现实线边框。第三步，将光标移动到实线边框以内的中心点上，位置标注如图 3-44 所示，按住鼠标左键不放，将其移动到其他位置，如图 3-45 所示。

图 3-44　位置标注　　　　　　　　　　　　　图 3-45　手动移动参考点位置

2. 缩小图像

第一步，在"图层"面板中选中图像所在的图层。第二步，按〈Ctrl+T〉组合键，图像边缘出现实线边框，效果如图 3-46 所示。第三步，将光标移动到实线边框的一个角上，按住鼠标左键不放，向实线边框的中心点方向移动光标，操作示意图如图 3-47 所示。在此需要特别注意的是，在缩小图像的过程中，若再按住〈Shift〉键不放，图像会沿着对角线的方向等比收缩，如图 3-48 所示；若按住〈Shift+Alt〉组合键不放，图像会向中心点方向等比收缩，如图 3-49 所示。第四步，当图像缩小到一定大小后，释放鼠标左键和〈Shift〉键或〈Shift+Alt〉组合键，最后按〈Enter〉键确认缩小后的图像，实线边框消失。

图 3-46　实线边框

图 3-47　缩小图像操作示意图

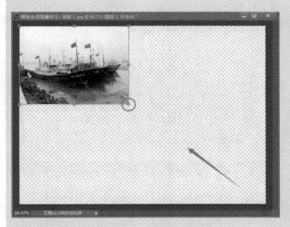

图 3-48　沿对角线方向等比收缩

图 3-49　向中心点方向等比收缩

3. 放大图像

第一步，在"图层"面板中选中图像所在的图层。第二步，按〈Ctrl+T〉组合键，图像边缘出现实线边框，效果如图 3-50 所示。第三步，将光标移动到实线边框的一个角上，按住鼠标左键不放，向外拖曳实线边框，操作示意图如图 3-51 所示。在此需要特别注意的是，在放大图像的过程中，若再按住〈Shift〉键不放，图像会沿着对角线的方向等比放大，如图 3-52 所示；若按住〈Shift+Alt〉组合键不放，图像会向中心点以外的方向等比放大，如图 3-53 所示。第四步，图像放大到一定大小后，释放鼠标左键和〈Shift〉键或〈Shift+Alt〉组合键，最后按〈Enter〉键以确认放大后的图像，实线边框消失。

图3-50 实线边框

图3-51 放大图像操作示意图

图3-52 沿对角线方向等比放大

图3-53 向中心点以外的方向等比放大

4. 旋转图像

方法一：第一步，在"图层"面板中选中图像所在的图层。第二步，按〈Ctrl+T〉组合键，图像边缘出现实线边框，效果如图 3-54 所示。第三步，将光标移动到实线边框的一个角的外侧，光标形状产生变化，按住鼠标左键不放，旋转光标，图像将以中心点为旋转中心产生旋转，图如图 3-55 所示。在此需要特别注意的是，在旋转光标的过程中，若再按住〈Shift〉键不放，图像将以 15° 或 15° 的倍数旋转。第四步，图像旋转到一定角度后，释放鼠标左键和〈Shift〉键，最后按〈Enter〉键确认旋转后的图像，实线边框消失。

方法二：第一步，在"图层"面板中选中图像所在的图层。第二步，按〈Ctrl+T〉组合键，图像边缘出现实线边框，并且激活选项栏，如图 3-56 所示。第三步，在选项栏中设置图像旋转的参考点位置，并设置旋转角度，如图 3-57 所示。第四步，按〈Enter〉键确认旋转的图像，实线边框消失。

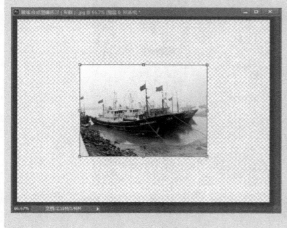

图 3-54　实线边框

图 3-55　旋转图像

图 3-56　实线边框

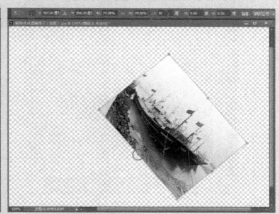

图 3-57　选项栏预设

　　选中"图层 2"图层，将其"不透明度"设置为 50%，如图 3-58 所示。按〈Ctrl+T〉组合键，图像边缘出现实线边框，如图 3-59 所示，将光标移动到实线边框的一个角上，按住〈Shift+Alt〉组合键不放，向实线边框的中心点方向移动光标，实现图像向着中心点方向等比收缩，如图 3-60 所示。图像收缩到一定大小后，释放鼠标左键和〈Shift+Alt〉组合键，最后按〈Enter〉键确认缩小后的图像，实线边框消失，如图 3-61 所示。

　　在工具箱中选择"移动"工具 ，将光标移动到缩小后的"军舰"图像上，按住鼠标左键不放，向下、向左拖曳鼠标以实现图像向下、向左移动。在此需要特别注意的是，在向下、向左移动图像的过程中，按住〈Shift〉键不放，图像将沿着垂直或水平方向移动。图像移动到合适的位置后，释放鼠标左键和〈Shift〉键，如图 3-62 所示。

　　选中"图层 2"图层，复原该图层的"不透明度"，将其设置为 100%，如图 3-63 所示。

图 3-58　调整"不透明度"

图 3-59　实线边框

图 3-60　向中心点方向缩小

图 3-61　确认图像大小

图 3-62　移动图像后的效果

图 3-63　复原图层的"不透明度"

第 6 步：为"图层 2"（军舰）图层添加图层蒙版

小知识 37：图层蒙版

为图层添加图层蒙版后，可以通过控制图层蒙版实现图层内容的显隐。图层蒙版可以"暂时关闭"或"删除"，不影响图层本身的内容。在图层蒙版中，黑色部分表示全部遮盖，图层内容不显示；白色部分表示全部透明，图层内容完全显示；不同程度的灰色部分，表示图层内容以不同程度的半透明状显示，对比如图 3-64 和图 3-65 所示。

图 3-64　原图　　　　　　　　　　图 3-65　添加图层蒙版后的效果

1. 创建图层蒙版

在"图层"面板中选中一个图层，单击该面板下方的"添加图层蒙版"按钮，如图 3-66 所示，此时在图层缩览图右侧多出一个白色的"图层蒙版缩览图"，如图 3-67 所示。在此需要特别注意的是，若在单击"添加图层蒙版"按钮的同时，按住〈Alt〉键不放，则会出现一个黑色的"图层蒙版缩览图"，如图 3-68 所示。

图 3-66　单击"添加图层蒙版"　　图 3-67　白色"图层蒙版　　图 3-68　黑色"图层蒙版
　　　　按钮　　　　　　　　　缩览图"位置标注　　　　　缩览图"位置标注

当为图层添加图层蒙版后,"图层蒙版缩览图"会自动与"图层缩览图"链接在一起,此时若再移动图像,两者将会一起移动;若单击两者之间的"链接"图标,"链接"图标消失,两者之间的链接关系也随之取消,此时就可以分别移动图像内容和蒙版内容了。

2. 删除图层蒙版

方法一:选中需要删除的"图层蒙版缩览图",按住鼠标左键不放,直接将其拖曳到"删除图层"按钮上,如图 3-69 所示,释放鼠标左键,弹出如图 3-70 所示的提示对话框,单击"删除"按钮,即可完成图层蒙版的删除。

方法二:选中需要删除的"图层蒙版缩览图",将光标移动到"图层蒙版缩览图"上并右击,在弹出的快捷菜单中选择"删除图层蒙版"命令,如图 3-71 所示,完成图层蒙版的删除。

图 3-69　删除图层蒙版　　　　图 3-70　提示对话框　　　　图 3-71　选择"删除图层蒙版"命令

3. 停用或启用图层蒙版

方法一:若想停用图层蒙版,先选中需要停用的"图层蒙版缩览图",再按住〈Shift〉键不放,单击"图层蒙版缩览图",即可完成图层蒙版的停用,如图 3-72 所示。若想启用图层蒙版,在图 3-72 的基础上,先选中需要启用的"图层蒙版缩览图",再按住〈Shift〉键不放,单击"图层蒙版缩览图",即可完成图层蒙版的启用,如图 3-73 所示。

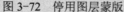

图 3-72　停用图层蒙版　　　　　　　　图 3-73　启用图层蒙版

方法二:选中需要停用或启用的"图层蒙版缩览图",将光标移动到"图层蒙版缩览图"并右击,在弹出的快捷菜单中选择"启用图层蒙版"或"停用图层蒙版"命令,如图 3-74 和图 3-75 所示,完成图层蒙版的停用或启用。

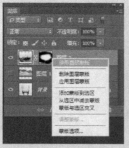

图3-74　选择"停用图层蒙版"命令　　　　　　图3-75　选择"启用图层蒙版"命令

4."图层缩览图"与"图层蒙版缩览图"的选中

在"图层"面板中，如果在"图层缩览图"的四周有白色边框显示，则表示选中的是图层内容，如图 3-76 所示，此时可以对图层中的内容进行编辑；如果在"图层蒙版缩览图"的四周有白色边框显示，则表示选中的是图层蒙版内容，如图 3-77 所示，此时可以对图层蒙版中的内容进行编辑。

图3-76　选中图层　　　　　　　　　　　　图3-77　选中图层蒙版

确保"图层 2"图层处于选中状态，单击"图层"面板下方的"添加图层蒙版"按钮，如图 3-78 所示，此时在"图层缩览图"右侧将多出一个白色的"图层蒙版缩览图"。选中该"图层蒙版缩览图"，如图 3-79 所示。（小知识37：图层蒙版）

图3-78　单击"添加图层蒙版"按钮　　　　　图3-79　"图层"面板

在工具箱中将前景色的颜色设置为黑色，选择"画笔"工具，如图 3-80 所示，在"画笔"工具的选项栏中预设画笔，设置画笔笔刷的"大小""硬度""不透明度"及"流量"，如图 3-81 所示。（小知识17：前景色与背景色）

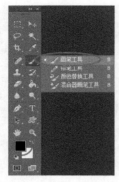

图 3-80　选择"画笔"工具

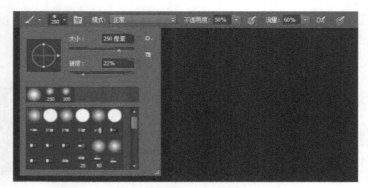

图 3-81　"画笔"工具选项栏预设

　　将光标移动到"军舰"图像边缘，使用"画笔"工具，按住鼠标左键不放进行涂抹，如图 3-82 所示。在此需要特别注意的是，在图层蒙版上涂抹黑色时，如果不小心涂抹过量，只需把前景色的颜色更改为白色，再次使用"画笔"工具在图层蒙版上涂抹白色，即可恢复图像。**（小知识 25：画笔工具）**

　　第 7 步：显示"蓝天"（图层 1）图层

　　处理完"军舰"图像后，再来处理"蓝天"图像。在"图层"面板中显示"图层 1"（蓝天）图像，如图 3-83 所示。

图 3-82　涂抹边缘

图 3-83　图像效果及"图层"面板

　　第 8 步：缩小并移动"蓝天"图像（同第 5 步操作）

　　在"图层"面板中选中"图层 1"图层，并将该图层的"不透明度"设置为 50%，如图 3-84 所示。

图 3-84　调整"不透明度"

按〈Ctrl+T〉组合键，"蓝天"图像边缘出现实线边框，如图 3-85 所示。将光标移动到实线边框的一个角上，按住〈Shift+Alt〉组合键不放，向实线边框的中心点方向移动光标，实现图像向着中心点方向收缩。图像收缩到一定大小后，释放鼠标左键和〈Shift+Alt〉组合键，最后按〈Enter〉键确认缩小后的图像，实线边框消失，缩小后的图像效果及"图层"面板显示如图 3-86 所示。

图 3-85　实线边框　　　　　　　　　图 3-86　缩小后的图像效果及"图层"面板显示

在工具箱中选择"移动"工具，将光标移动到缩小后的"蓝天"图像上，按住鼠标左键不放并拖曳鼠标，实现图像的移动，当图像移动到合适的位置后，释放鼠标左键，如图 3-87 所示。

在"图层"面板中选中"图层 1"图层，复原该图层的"不透明度"将其设置为 100%，如图 3-88 所示。

图 3-87　移动图像　　　　　　　　　图 3-88　复原"图层 1"图层的"不透明度"

第 9 步：为"图层 1"（蓝天）图层添加图层蒙版（同第 6 步操作）

确保"图层 1"图层处于选中状态，单击"图层"面板下方的"添加图层蒙版"按钮，为其添加图层蒙版，此时在"图层缩览图"右侧将多出一个白色的"图层蒙版缩览图"，如图 3-89 所示。（**小知识 37：图层蒙版**）

确保工具箱中的前景色颜色为黑色，选择"画笔"工具，并检查此工具的选项栏参数预设。选中"图层 1"图层中的"图层蒙版缩览图"，将光标移动到"蓝天"图像边缘，使用"画笔"工具，按住鼠标左键不放进行涂抹，最终的图像效果及"图层"面板显示如图 3-90 所示，释放鼠标左键。

图 3-89　添加图层蒙版

图 3-90　图像效果及"图层"面板

第 10 步：保存合成后的图像

选择"文件"→"存储为"命令，或按〈Ctrl+Shift+S〉组合键，弹出"另存为"对话框，选择存储路径并命名文件，将文件的保存类型设置为 PSD 格式，以方便后期编辑，单击"保存"按钮，完成存储操作。

3.1.3　通过抠图合成

根据图 3-10 中的画面合成情况，通过抠图合成图像的具体操作方法及步骤如下。

第 1 步：打开两张素材图像

打开 Photoshop，选择"文件"→"打开"命令，弹出"打开"对话框，或按〈Ctrl+O〉组合键，打开从网盘下载的"Photoshop 图形图像处理实用教程图像库\第 3 章\抠图合成图像（手）.jpg"和"Photoshop 图形图像处理实用教程图像库\第 3 章\抠图合成图像（爱心）.jpg"两张图像文件，图像窗口显示如图 3-91 所示。（**小知识 6：快捷打开多个文件**）

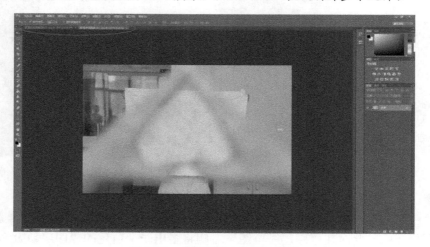

图 3-91　多张图像文件窗口显示

第 2 步：显示"爱心"图像

将光标移动到"标题栏"处的"抠图合成图像（爱心）.jpg"文字上并单击，完成图像的显示切换，如图 3-92 所示。（**小知识 35：显示指定文件**）

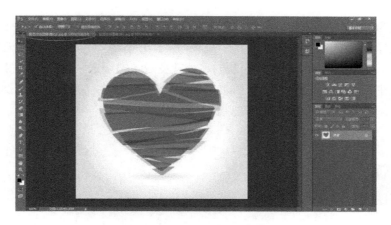

图 3-92　显示"爱心"图像

第 3 步：将"背景"图层转换为普通图层

在"图层"面板中选中"背景"图层，如图 3-93 所示，再按住〈Alt〉键不放，双击"背景"图层，之后释放〈Alt〉键，"背景"图层将直接转换为普通图层，转换后的"图层"面板如图 3-94 所示，此时的图层名称变为"图层 0"。（**小知识 5："背景"图层转换为普通图层**）

图 3-93　选择"背景"图层

图 3-94　普通图层

第 4 步：抠取"爱心"

绘制"爱心"轮廓路径。在工具箱中选择"钢笔"工具，在"钢笔"工具的选项栏中对其进行预设，选择绘制"路径"，如图 3-95 所示。将光标移动到"爱心"边缘，使用"钢笔"工具，配合〈Alt〉键绘制"爱心"轮廓闭合路径，绘制过程如图 3-96 和图 3-97 所示。（**小知识 9：使用钢笔工具绘制路径**）

图 3-95　"钢笔"工具选项栏预设

图 3-96　绘制过程 1　　　　　图 3-97　绘制过程 2

165

将路径变为选区。绘制完"爱心"轮廓路径后，将光标移动到图像上并右击，在弹出的快捷菜单中选择"建立选区"命令，如图 3-98 所示，弹出"建立选区"对话框，单击"确定"按钮，如图 3-99 所示。此时所绘制的路径就变成了虚线选区，效果如图 3-100 所示。在此需要特别注意的是，路径变为选区的快捷操作是：绘制完"爱心"轮廓路径后，将光标移动到图像上，按〈Ctrl+Enter〉组合键，路径就会变成选区。

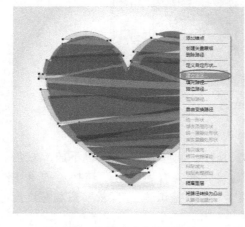  

图 3-98　选择"建立选区"命令　　　图 3-99　"建立选区"对话框　　　图 3-100　选区效果

第 5 步：移动抠取的"爱心"至"手"图像文件中

在"图层"面板中选中"图层 0"图层，在工具箱中选择"移动"工具，将光标移动到"爱心"虚线选区内，按住鼠标左键不放，将选区内容先移动到"标题栏"处的"抠图合成图像（手）.jpg"文字上，位置如图 3-101 所示。继续保持按住鼠标左键不放，此时软件会自动切换到"抠图合成图像（手）.jpg"图像窗口中，继续移动光标，直至将"爱心"移动到图像区域内，释放鼠标左键，此时的图像效果及"图层"面板如图 3-102 所示。

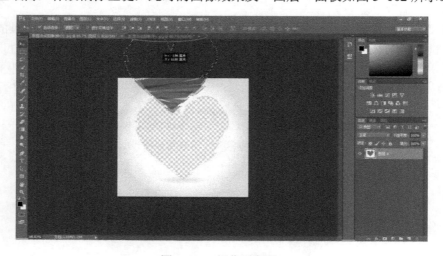

图 3-101　操作示意图

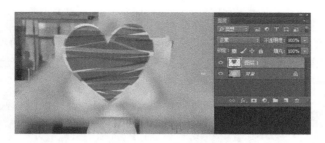

图 3-102　图像效果及"图层"面板

第 6 步：调整"爱心"大小

在"图层"面板中选中"图层 1"图层，按〈Ctrl+T〉组合键，"爱心"图像边缘将出现实线边框，如图 3-103 所示，将光标移动到实线边框的一个角上，按住〈Shift+Alt〉组合键不放，向实线边框的中心点方向移动光标，实现"爱心"图像向着中心点方向等比收缩，操作示意图如图 3-104 所示。图像收缩到一定大小后，释放鼠标左键和〈Shift+Alt〉组合键，最后按〈Enter〉键进行确认，实线边框消失，如图 3-105 所示。（**小知识 21：放大或缩小图像预览**）

 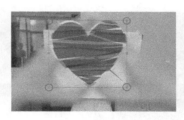 

图 3-103　实线边框　　　　　图 3-104　操作示意图　　　　　图 3-105　图像效果

第 7 步：翻转"爱心"图像

检查并确保"图层 1"图层处于选中状态，按〈Ctrl+T〉组合键，出现实线边框后，将光标移动到图像上并右击，在弹出的快捷菜单中选择"垂直翻转"命令，如图 3-106 所示。图像产生垂直翻转变化，效果如图 3-107 所示，最后按〈Enter〉键确认翻转，实线边框消失，如图 3-108 所示。

  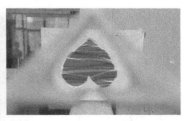

图 3-106　选择"垂直翻转"命令　　　图 3-107　垂直翻转变化效果　　　图 3-108　图像效果

第 8 步：模糊"爱心"边缘

小知识 38：模糊工具

"模糊"工具的作用是柔化图像边缘或减少图像中的细节。

1. 使用方法

在工具箱中选择"模糊"工具,在"图层"面板中选择需要模糊的对象所在的图层,将光标移动到需要模糊的图像上,按住鼠标左键不放,涂抹图像,图像产生模糊效果,释放鼠标左键,效果对比如图 3-109 和图 3-110 所示。

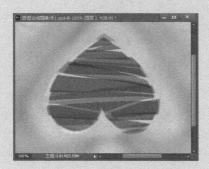

图 3-109　模糊前

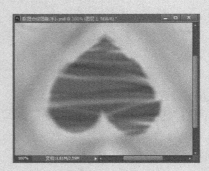

图 3-110　模糊后

2. 选项栏介绍

"模糊"工具的选项栏包括"大小""硬度""模式"及"强度"等内容,如图 3-111 所示。"模式"包括"正常""变暗""变亮""色相""饱和度""颜色"和"明度"等选项,不同的"模式"选项设置,图像所呈现出的模糊效果不同。"强度"是指设置此工具的模糊强度。用户可以根据图像的情况合理设置"模式"和"强度"。

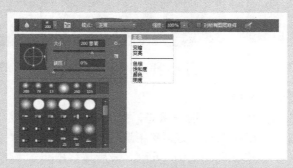

图 3-111　"模糊"工具选项栏

在工具箱中选择"模糊"工具,在此工具的选项栏中对其进行预设,如图 3-112 所示。

图 3-112　"模糊"工具选项栏预设

检查并确保"图层 1"图层处于选中状态,将光标移动到"爱心"图像边缘,按住鼠标左键不放,在边缘上涂抹以柔化边缘,使之很好地与底图融合,释放鼠标左键,完成图像边缘的柔化,效果如图 3-113 所示。

第 9 步:保存合成后的图像

选择"文件"→"存储为"命令,或按〈Ctrl+Shift+S〉组合键,弹出"另存为"对话框,选择存储路径并命名文

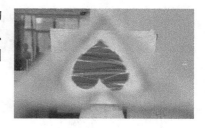

图 3-113　最终的图像合成效果

件，将文件的保存类型设置为 PSD 格式，以方便后期编辑，单击"保存"按钮，完成存储操作。

3.1.4 通过设置图层混合模式合成

根据图 3-13 中的画面合成情况，设置图层混合模式合成图像的具体操作方法及步骤如下。

第 1 步：打开两张素材图像

打开 Photoshop，选择"文件"→"打开"命令，弹出"打开"对话框，或按〈Ctrl+O〉组合键，打开从网盘下载的"Photoshop 图形图像处理实用教程图像库\第 3 章\图层混合模式合成图像练习（人）.jpg"和"Photoshop 图形图像处理实用教程图像库\第 3 章\图层混合模式合成图像练习（砖墙）.jpg"两张图像文件，图像窗口显示如图 3-114 所示。（*小知识 6：快捷打开多个文件*）

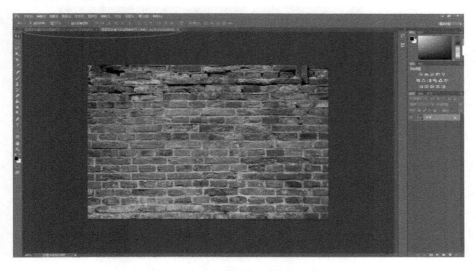

图 3-114　多张图像文件窗口显示

第 2 步：移动"砖墙"图像文件到"人"文件中

将光标移动到"标题栏"位置，单击一次"图层混合模式合成图像练习（砖墙）.jpg"文字，确保显示该文件图像，如图 3-115 所示。再在工具箱中选择"移动"工具，将光标移动到"砖墙"图像区域，按住鼠标左键和〈Shift〉键不放，拖动"砖墙"图像，先将其拖动到"标题栏"处的"图层混合模式合成图像练习（人）.jpg"文字上，此时软件会自动切换显示"图层混合模式合成图像练习（人）"图像文件。继续保持按住鼠标左键和〈Shift〉键不放，将"砖墙"图像拖动到"图层混合模式合成图像练习（人）"文件的图像区域中，最后释放鼠标左键和〈Shift〉键，此时"砖墙"图像会自动置于"图层混合模式合成图像练习（人）"图像文件的中心位置。最后的图像效果及"图层"面板显示如图 3-116 所示。（*小知识 35：显示指定文件*）（*小知识 1：图像自动置于文件中心位置*）

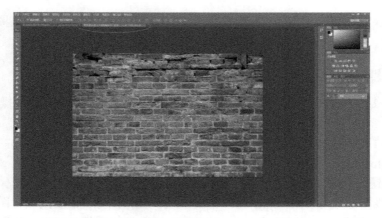

图 3-115　显示"图层混合模式合成图像练习（砖墙）.jpg"文件图像

图 3-116　图像效果及"图层"面板显示

第 3 步：旋转并移动"砖墙"图像

在"图层"面板中选中"图层 1"图层，按〈Ctrl+T〉组合键，在"砖墙"图像边缘将出现实线边框，如图 3-117 所示，再将光标移动到实线边框的一个角的外侧，光标形状发生变化，按住鼠标左键不放，旋转光标，图像将跟着产生旋转，如图 3-118 所示，释放鼠标左键。（小知识 21：放大或缩小图像预览）

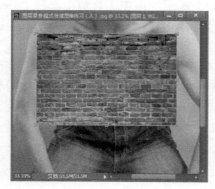

图 3-117　实线边框

图 3-118　旋转图像

170

在工具箱中选择"移动"工具 ，将光标移动到旋转后的"砖墙"图像上，按住鼠标左键不放，移动光标，将"砖墙"图像移动到合适的位置后释放鼠标左键，如图 3-119 所示，最后按〈Enter〉键，确认图像变化，实线边框消失，如图 3-120 所示。

图 3-119　移动图像

图 3-120　确认图像位置

第 4 步：修改"砖墙"图像的图层混合模式

小知识 39：混合模式

Photoshop 的"混合模式"功能十分强大，它决定了当前图层中的图像内容与底层图层中的图像内容之间的混合方式，可以借用"混合模式"来创建多种特效，并且不会影响图像的质量。不同的"混合模式"，其工作原理不同，所呈现出来的效果也不同，用户可以根据图像情况选择最恰当的"混合模式"。"混合模式"。共分为 6 组 27 种，如图 3-121 所示。

图 3-121　混合模式的种类

组合模式组：该组"混合模式"需要降低当前图层的"不透明度"或"填充"数值才会起作用，数值越低，与底层图像的混合效果越明显。

加深模式组：该组"混合模式"可以使混合后的图像变暗。在两者混合的过程中，当前图层中的白色像素会被底层图层中的较暗像素替代。

减淡模式组：该组"混合模式"可以使混合后的图像变亮。在两者混合的过程中，图像中的黑色像素会被较亮像素替代。

对比模式组：该组"混合模式"可以增强图像的差异。

比较模式组：该组"混合模式"可以比较当前图层的图像与底层图层的图像，将相同的区域显示为黑色，不同的区域显示为灰色或彩色。

色彩模式组：选择该组"混合模式"时，软件会将色彩分为色相、饱和度和亮度 3 种成分，然后将其中一种或两种应用到混合后的图像中。

27 种混合模式简介如下。

正常：该模式是 Photoshop 默认的模式，在正常情况下，"不透明度"和"填充"数值均为 100%，即上面的图层图像可以完全覆盖下面的图层图像内容，如图 3-122 所示。

溶解：在该模式下，当"不透明度"和"填充"数值均为 100%时，图像不会产生任何变化，若更改其中的一个或两个数值，图像将会产生离散效果，如图 3-123 所示。

图 3-122 "正常"混合模式　　　　　　　　　　图 3-123 "溶解"混合模式

变暗：该模式通过比较图像中每个通道的颜色信息，并选择基色或混合色中较暗的颜色作为结果色，同时替换比混合色亮的像素，而比混合色暗的像素则保持不变，效果如图 3-124 所示。

正片叠底：在该模式下，任何颜色与黑色混合都将产生黑色，与白色混合则不改变颜色，效果如图 3-125 所示。

图 3-124 "变暗"混合模式　　　　　　　　　　图 3-125 "正片叠底"混合模式

颜色加深：该模式通过增加上下图像之间的对比度使像素变暗，与白色混合后不会产生任何变化，效果如图 3-126 所示。

线性加深：该模式通过减少亮度使像素变暗，与白色混合不产生任何变化，效果如图 3-127 所示。

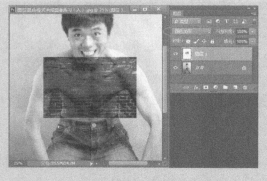

图 3-126 "颜色加深"混合模式　　　　　　　　图 3-127 "线性加深"混合模式

深色：该模式通过比较两个图像中所有的通道的数值总和，显示数值较小的颜色，效果如图 3-128 所示。

变亮：该模式通过比较每个通道的颜色信息，并选择基色或混合色中较亮的颜色作为结果色，同时替换比混合色暗的像素，而比混合色亮的像素则保持不变，效果如图 3-129 所示。

图 3-128 "深色"混合模式　　　　　　图 3-129 "变亮"混合模式

滤色：在该模式下，与黑色混合时颜色保持不变，与白色混合时将产生白色，如图 3-130 所示。

颜色减淡：该模式通过减少上下图像之间的对比度来提亮底层图像的像素，效果如图 3-131 所示。

图 3-130 "滤色"混合模式　　　　　　图 3-131 "颜色减淡"混合模式

线性减淡（添加）：该种叠加模式与"线性加深"叠加模式相反，通过提高亮度来减淡颜色，效果如图 3-132 所示。

浅色：该模式通过比较两张图像中所有的通道数值的总和，显示数值较大的颜色，效果如图 3-133 所示。

图 3-132 "线性减淡（添加）"混合模式　　　　图 3-133 "浅色"混合模式

叠加：该模式对颜色进行过滤并提亮上层图像的颜色，同时保留底层图像的明暗对比关系，效果如图3-134所示。

柔光：该模式使图像颜色变亮或变暗，具体取决于当前图像的颜色。如果上层图像比50%灰色亮，则图像变亮；如果上层图像比50%灰色暗，则图像变暗，效果如图3-135所示。

图3-134 "叠加"混合模式

图3-135 "柔光"混合模式

强光：该模式通过对颜色进行过滤，使画面暗的区域更暗，亮的区域更亮，具体取决于当前图像的颜色。如果上层图像比50%灰色亮，则图像变亮；如果上层图像比50%灰色暗，则图像变暗，效果如图3-136所示。

亮光：该模式通过增加或减少对比度来加深或减淡颜色，具体取决于上层图像的颜色。如果上层图像比50%灰色亮，则图像变亮；如果上层图像比50%灰色暗，则图像变暗，效果如图3-137所示。

图3-136 "强光"混合模式

图3-137 "亮光"混合模式

线性光：该模式通过增加或减少亮度来加深或减淡颜色，具体取决于上层图像的颜色。如果上层图像比50%灰色亮，则图像变亮；如果上层图像比50%灰色暗，则图像变暗，效果如图3-138所示。

点光：该混合模式根据上层图像的颜色来替换颜色。如果上层图像比50%灰色亮，则替换较暗的像素；如果上层图像比50%灰色暗，则替换较亮的像素，效果如图3-139所示。

图 3-138 "线性光"混合模式

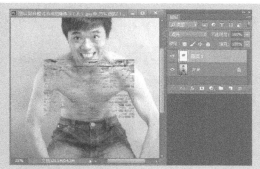

图 3-139 "点光"混合模式

实色混合：该模式将上层图像的 RGB 通道值添加到底层图像的 RGB 通道中。如果上层图像比 50% 灰色亮，则使底层图像变亮；如果上层图像比 50% 灰色暗，则使底层图像变暗，效果如图 3-140 所示。

差值：在该模式下，上层图像与白色混合将反转底层图像的颜色，与黑色混合则不产生变化，效果如图 3-141 所示。

图 3-140 "实色混合"混合模式

图 3-141 "差值"混合模式

排除：该模式创建一种与"差值"相似，但对比度更低的混合效果，如图 3-142 所示。

减去：该混合模式从目标通道相应的像素上减去源通道的像素值，效果如图 3-143 所示。

图 3-142 "排除"混合模式

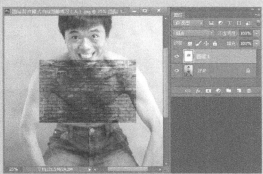

图 3-143 "减去"混合模式

划分：该混合模式比较每个通道的颜色信息，然后从底层图像划分上层图像，效果如图 3-144 所示。

色相：该混合模式用底层图像的亮度和饱和度，以及上层图像的色相来创建结果色，效果如图 3-145 所示。

图 3-144 "划分"混合模式　　　　　　　　图 3-145 "色相"混合模式

饱和度：该混合模式用底层图像的亮度和色相，以及上层图像的饱和度来创建结果色，在饱和度为 0 的灰色区域运用该模式不会产生任何变化，效果如图 3-146 所示。

颜色：该模式用底层图像的亮度，以及上层图像的色相和饱和度来创建结果色，效果如图 3-147 所示。

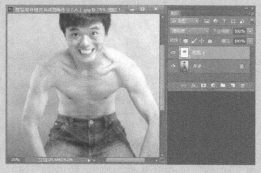 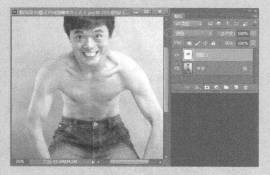

图 3-146 "饱和度"混合模式　　　　　　　图 3-147 "颜色"混合模式

明度：该混合模式用底层图像的色相和饱和度，以及上层图像的明度来创建结果色，效果如图 3-148 所示。

图 3-148 "明度"混合模式

在"图层"面板中选中"图层 1"图层，并将该图层的混合模式修改为"叠加"，如图 3-149 所示，修改完图层混合模式后的图像叠加效果如图 3-150 所示。（**小知识 39：混合模式**）

第 5 步：为"图层 1"（砖墙）图层添加图层蒙版

确保"图层 1"图层处于选中状态，单击"图层"面板下方的"添加图层蒙版"按钮，此时会在"图层缩览图"右侧多出一个白色的"图层蒙版缩览图"，如图 3-151 所示。（**小知识 37：图层蒙版**）

  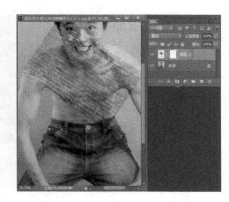

图 3-149　选择"叠加"混合模式　　图 3-150　图像叠加效果　　　　图 3-151　添加图层蒙版

在工具箱中将前景色的颜色设置为黑色，如图 3-152 所示，选择"画笔"工具。在"画笔"工具的选项栏中预设画笔，设置画笔笔刷的"大小""硬度""不透明度"及"流量"，用户可以根据图像情况自行设置参数，如图 3-153 所示。

 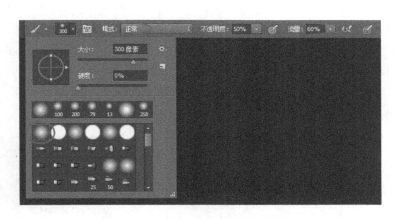

图 3-152　设置前景色　　　　　　　　图 3-153　"画笔"工具选项栏预设

在"图层"面板中选中白色的"图层蒙版缩览图"，将光标移动到"砖墙"图像边缘，使用"画笔"工具按住鼠标左键不放进行涂抹，效果如图 3-154 所示。在此需要特别注意的是，在图层蒙版上涂抹黑色时，如果不小心涂抹过量，只需把前景色的颜色更改为白色，再次使用"画笔"工具在图层蒙版上涂抹白色，即可恢复图像。

按〈Ctrl+-〉组合键缩小图像预览，最终的图像效果如图3-155所示。

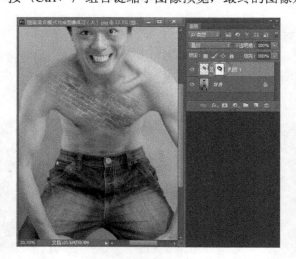 

图3-154　涂抹边缘　　　　　　　　　　图3-155　最终图像合成效果

第6步：保存合成后的图像

选择"文件"→"存储为"命令，或按〈Ctrl+Shift+S〉组合键，弹出"另存为"对话框，选择存储路径并命名文件，将文件的保存类型设置为PSD格式，以方便后期编辑，单击"保存"按钮，完成存储操作。

3.2　前景与背景虚化处理

导读：图像有时会因背景或前景内容的色彩、场景杂乱程度等因素，而导致画面主体并不凸显，甚至缺少空间深度感和层次感。基于这种图像缺陷问题，本节就来学习图像的前景与背景虚化处理方法，通过处理图像的前景或背景内容，调节景深，从而凸显主体。对图像的前景或背景虚化处理的操作方法简单，容易掌握，主要运用了"滤镜"→"模糊"→"高斯模糊"滤镜，再配合使用图层蒙版、"画笔"工具或"渐变"工具，即可完成操作。以下给出的两组图像中，图3-156和图3-158所示为原图，图3-157和图3-159所示为进行虚化处理后的效果。

图3-156　背景虚化处理前　　　　　　　图3-157　背景虚化处理后

图 3-158　前景虚化处理前　　　　　　　图 3-159　前景虚化处理后

3.2.1　背景虚化

在图 3-156 中，背景色彩与前面柱子的色彩相同，且色彩所占用的画面空间较大，又因背景的清晰度较高，弱化了人物本身。图像背景虚化处理的具体操作方法及步骤如下。

第 1 步：打开需要处理背景的图像

打开 Photoshop，选择"文件"→"打开"命令，弹出"打开"对话框，或按〈Ctrl+O〉组合键，打开从网盘下载的"Photoshop 图形图像处理实用教程图像库\第 3 章\图像的背景虚化处理练习.jpg"文件，图像窗口显示如图 3-160 所示。

图 3-160　图像文件窗口显示

第 2 步：复制"背景"图层

在"图层"面板中选中"背景"图层，按两次〈Ctrl+J〉组合键，或按住鼠标左键不放将"背景"图层拖曳到"图层"面板右下方的"创建新图层"按钮上（重复两次），如图 3-161 所示。之后释放鼠标左键，实现"背景"图层的复制，复制后的图层名称分别为"图层 1"和"图层 1 拷贝"。隐藏"背景"图层，在这里隐藏图层的目的是将其作为备用图像，如图 3-162 所示。（**小知识 13：复制图层**）

图 3-161 "创建新图层"按钮位置标注

图 3-162 复制两次图层后的"图层"面板

第 3 步：高斯模糊图像

在"图层"面板中选中"图层 1 拷贝"图层，选择"滤镜"→"模糊"→"高斯模糊"命令，如图 3-163 所示，弹出"高斯模糊"对话框，在其中设置"半径"数值，该值越大，模糊效果越明显，其模糊程度没有固定数值，用户可以根据画面情况酌情设定，在此将"半径"设置为 9.6，如图 3-164 所示，单击"确定"按钮，此时的图像模糊效果如图 3-165 所示。

图 3-163 选择"高斯模糊"命令

图 3-164 "高斯模糊"对话框

图 3-165 图像模糊效果

第 4 步：添加图层蒙版

确保"图层 1 拷贝"图层处于选中状态，单击"图层"面板下方的"添加图层蒙版"按钮，如图 3-166 所示，此时会在"图层缩览图"右侧多出一个白色的"图层蒙版缩览图"，如图 3-167 所示。（**小知识 37：图层蒙版**）

图 3-166　单击"添加图层蒙版"按钮　　　　图 3-167　添加图层蒙版

在工具箱中将前景色的颜色设置为黑色，选择"画笔"工具，如图 3-168 所示，并对"画笔"工具进行预设，设置其"大小""不透明度"及"流量"，用户可以根据图像情况自行设定，如图 3-169 所示。（**小知识 25：画笔工具**）

图 3-168　选择"画笔"工具　　　　图 3-169　"画笔"工具选项栏预设

确保"图层 1 拷贝"图层的图层蒙版为选中状态，将光标移动到图像中的人物和柱子区域，位置标注如图 3-170 所示，按住鼠标左键不放，在图层蒙版中进行涂抹，显露出"图层 1"图层中清晰的人物和柱子，最终的图像效果及"图层"面板显示如图 3-171 所示。（**小知识 37：图层蒙版**）

图 3-170　位置标注　　　　图 3-171　最终的图像效果及"图层"面板显示

第 5 步：保存虚化背景后的图像

选择"文件"→"存储为"命令，或按〈Ctrl+Shift+S〉组合键，弹出"另存为"对话框，选择存储路径并命名文件，将文件的保存类型设置为 PSD 格式，以方便后期编辑，单击"保存"按钮，完成存储操作。

3.2.2 前景虚化

在图 3-158 中，最前面的甘蔗会首先映可入观赏者的眼帘，大面积甘蔗的呈现导致后面的主体人物被淹没在甘蔗中。通过对甘蔗进行虚化处理，以凸显人物。图 3-159 所示为虚化处理前景中的甘蔗后的效果。此案例的操作步骤和上一个案例基本相同，只是在此案例中虚化的是前景，使用的是"渐变"工具。根据图 3-158 中的前景情况，图像前景虚化处理的具体操作方法及步骤如下。

第 1 步：打开需要处理背景的人像

打开 Photoshop，选择"文件"→"打开"命令，弹出"打开"对话框，或按〈Ctrl+O〉组合键，打开从网盘下载的"Photoshop 图形图像处理实用教程图像库\第 3 章\图像的前景虚化处理练习.jpg"文件，图像窗口显示如图 3-172 所示。

图 3-172　图像文件窗口显示

第 2 步：复制"背景"图层

在"图层"面板中选中"背景"图层，按两次〈Ctrl+J〉组合键，或按住鼠标左键不放将"背景"图层拖曳到"图层"面板右下方的"创建新图层"按钮上（重复两次），如图 3-173 所示，释放鼠标左键，实现"背景"图层的复制，复制后的图层名称分别为"图层 1"和"图层 1 拷贝"。隐藏"背景"图层，在这里隐藏图层的目的是将其作为备用图像，如图 3-174 所示。（**小知识 13：复制图层**）

图 3-173　"创建新图层"按钮位置标注

图 3-174　复制两次图层后的"图层"面板

第 3 步：高斯模糊图像

在"图层"面板中选中"图层 1 拷贝"图层，选择"滤镜"→"模糊"→"高斯模糊"滤镜命令，如图 3-175 所示，弹出"高斯模糊"对话框，在其中设置"半径"数值，该值越大，模糊效果越明显，在此将"半径"设置为 34.6，如图 3-176 所示，单击"确定"按钮，此时的图像模糊效果如图 3-177 所示。

图 3-175　选择"高斯模糊"命令

图 3-176　"高斯模糊"对话框

第 4 步：添加图层蒙版

确保"图层 1 拷贝"图层处于选中状态，单击"图层"面板下方的"添加图层蒙版"按钮，如图 3-178 所示，此时会在"图层缩览图"右侧多出一个白色的"图层蒙版缩览图"，选中该缩览图，如图 3-179 所示。（**小知识 37：图层蒙版**）

图 3-177　图像模糊效果

图 3-178　单击"添加图层蒙版"按钮

按〈X〉键，在工具箱中交换前景色与背景色的颜色。在此需要特别注意的是，默认的前景色为黑色，背景色为白色，交换颜色以后，前景色变为白色，背景色变为黑色。（**小知识 17：前景色与背景色**）

选择"渐变"工具，如图 3-180 所示，在"渐变"工具的选项栏中预设此工具，将渐变色的颜色设置为黑白，将渐变类型设置为"线性渐变"，将"模式"设置为"正常"，将"不透明度"设置为 100%，如图 3-181 所示。（**小知识 42：渐变工具**）

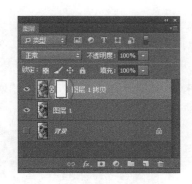

图 3-179　添加图层蒙版

图 3-180　选择"渐变"工具

图 3-181　"渐变"工具选项栏预设

　　确保"图层 1 拷贝"图层的图层蒙版处于选中状态，如图 3-182 所示。将光标移动到图像的底部区域，按住〈Shift〉键不放，按住鼠标左键不放，沿着垂直方向向上拖曳鼠标，之后释放〈Shift〉键和鼠标左键，此时的图像效果和"图层"面板如图 3-183 所示。（**小知识37：图层蒙版**）

图 3-182　选中图层蒙版

图 3-183　图像效果和"图层"面板

第 5 步：保存虚化前景后的图像

　　选择"文件"→"存储为"命令，或按〈Ctrl+Shift+S〉组合键，弹出"另存为"对话框，选择存储路径并命名文件，将文件的保存类型设置为 PSD 格式，以方便后期编辑，单击"保存"按钮，完成存储操作。

3.3　图像打光

　　导读：使用电子设备拍摄到的图像，有时候会因设备、光线或画面主体本身的原因而导致画面光线不足或缺少环境色，不能深刻地触动人的视觉感受。本节就来学习图像后期打光的操作处理方法，通过增加光源或环境色来增强画面内容感染力。

以下给出的两组图像中，图 3-184 和图 3-186 所示为原图，图 3-185 和图 3-187 所示为打光或补光后的图像效果。通过对比可以发现，图 3-185 中的画面增加了环境色，图 3-187 中的光线看上去更充足，且画面有所提亮。

图 3-184　原图　　图 3-185　添加环境色后的效果　　　图 3-186　原图　　　图 3-187　补充光线后的效果

根据图 3-184 中的画面情况，图像打光的具体操作方法及步骤如下。

第 1 步：安装外挂滤镜

将"Photoshop 图形图像处理实用教程图像库\第 3 章\滤镜\LightingEffects.8BF"文件复制到 Photoshop CC 安装文件中的 Plug-ins 文件夹中，如图 3-188 和图 3-189 所示。安装完外挂滤镜后重新启动 Photoshop 图像处理软件，所安装的滤镜在"滤镜"菜单中的位置显示如图 3-190 所示。（**小知识 24：外挂滤镜的安装**）

图 3-188　打光滤镜　　图 3-189　　外挂滤镜安装目录　　图 3-190　打光滤镜在"滤镜"菜单栏中的位置

第 2 步：打开需要打光的图像

打开 Photoshop，选择"文件"→"打开"命令，弹出"打开"对话框，或按〈Ctrl+O〉组合键，打开从网盘下载的"Photoshop 图形图像处理实用教程图像库\第 3 章\图像打光练习（佛像）.jpg"文件，图像窗口显示如图 3-191 所示。

第 3 步：复制"背景"图层

在"图层"面板中选中"背景"图层，按〈Ctrl+J〉组合键，或按住鼠标左键不放将"背景"图层拖曳到"图层"面板右下方的"创建新图层"按钮上，如图 3-192 所示，释放鼠标左键，实现"背景"图层的复制。复制后的图层名称为"图层 1"，并选中该图层，如图 3-193 所示，在这里复制图层的目的是方便在后期进行对比。（**小知识 13：复制图层**）

图 3-191　图像文件窗口显示

图 3-192　"创建新图层"按钮位置标注

第 4 步：图像打光

在"图层"面板中选中"图层 1"图层，选择"滤镜"→"渲染"→Lighting Effects Classic 命令，弹出 Lighting Effects Classic 对话框，如图 3-194 所示。

图 3-193　复制图层后的"图层"面板

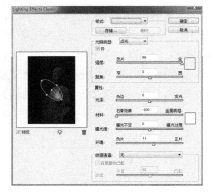

图 3-194　Lighting Effects Classic 对话框

在该对话框中设置打光的属性，无固定参数数值，用户可以根据图像情况自行设定。在这里将"光照类型"设置为蓝色点光，将"强度"设置为 98，将"聚焦"设置为-3，将"光泽"设置为-29，将"曝光度"设置为 14，将"环境"设置为 25，如图 3-195 所示，单击"确定"按钮，打光后的图像效果如图 3-196 所示。

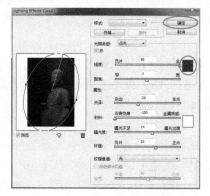

图 3-195　设置光源属性参数

图 3-196　打光后的图像效果

第 5 步：保存打光后的图像

选择"文件"→"存储为"命令，或按〈Ctrl+Shift+S〉组合键，弹出"另存为"对话框，选择存储路径并命名文件，将文件的保存类型设置为 JPEG 格式，单击"保存"按钮，完成存储操作。

3.4　图像光处理

导读：拍摄到的图像，有时由于拍摄角度、位置、环境和光线等原因，导致画面整体偏暗、偏灰。基于图像中的光缺陷问题，本节就来学习光的处理方法，通过处理光线提升画面的亮度、层次与通透感，增强画面感染力。

在学习本节内容之前，先来看两组对比图像，从而对本节所学习的内容有一个大致了解。以下给出的图像中，图 3-197 所示为原图，画面中的色彩整体偏灰，天空偏暗，草木颜色不鲜亮，通透感差，图像缺乏层次感。图 3-198 所示为经过光处理后的图像效果，处理后的图像的光线、通透感与层次感都有所增强，且色彩看上去更加鲜亮。

图 3-197　原图　　　　　　　　　　图 3-198　光处理以后的图像效果

根据图 3-197 画面中的光线情况，图像光处理的具体操作方法及步骤如下。

第 1 步：打开需要光处理的图像

打开 Photoshop，选择"文件"→"打开"命令，弹出"打开"对话框，或按〈Ctrl+O〉组合键，打开从网盘下载的"Photoshop 图形图像处理实用教程图像库\第 3 章\图像光处理练习.jpg"文件，图像窗口显示如图 3-199 所示。

图 3-199　图像文件窗口显示

第 2 步：复制"背景"图层

在"图层"面板中选中"背景"图层，按〈Ctrl+J〉组合键，或按住鼠标左键不放将"背景"图层拖曳到"图层"面板右下方的"创建新图层"按钮上，如图 3-200 所示，释放鼠标左键，实现"背景"图层的复制。复制后的图层名称为"图层 1"，选中该图层，如图 3-201 所示。在这里复制图层的目的是方便在后期进行对比。（**小知识 13：复制图层**）

图 3-200 "创建新图层"按钮位置标注　　　　　图 3-201 复制图层后的"图层"面板

第 3 步：编辑通道

打开"通道"面板。选择"窗口"→"通道"命令，如图 3-202 所示，打开"通道"面板，如图 3-203 所示。（**小知识 14：通道**）

图 3-202 选择"通道"命令　　　　　图 3-203 "通道"面板

切换到"通道"面板后，分别选择红、绿、蓝 3 个单通道，观察每个单通道所呈现出来的图像效果，如图 3-204～图 3-206 所示。会发现蓝色通道呈现出来的图像黑白对比效果最为明显。在此需要特别注意的是，在后续的抠图中，图像的黑白对比效果越明显，越容易完成抠图。

图 3-204 红色通道呈现出来的图像黑白对比效果

图 3-205 绿色通道呈现出来的图像黑白对比效果　　图 3-206 蓝色通道呈现出来的图像黑白对比效果

　　在"通道"面板中将光标移动到蓝色通道上，选中该通道，再按住鼠标左键不放，将其拖曳到"通道"面板右下方的"创建新通道"按钮上，操作示意图如图 3-207 所示，在蓝色通道下方将多出一个名为"蓝 拷贝"的新通道，如图 3-208 所示。

图 3-207 操作示意图　　　　　　　　图 3-208 复制蓝色通道后的"通道"面板

小知识 40：色阶

　　"色阶"命令是一个功能非常强大的颜色与色调调整工具，通过调整"色阶"可以对图像的阴影、中间调和高光的强度级别进行调整，从而校正图像的色调范围和色彩平衡。利用"色阶"命令还可以对单个通道进行调整，通过调整单个通道，以调整图像色彩。

　　选择"图像"→"调整"→"色阶"命令，如图 3-209 所示，或按〈Ctrl+L〉组合键，弹出"色阶"对话框，如图 3-210 所示。

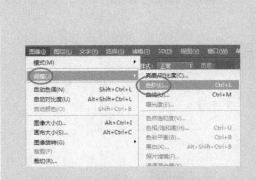
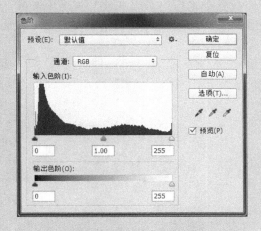

图 3-209 选择"色阶"命令　　　　　　图 3-210 "色阶"对话框

"色阶"对话框的介绍如下。

通道：该选项用于选定要进行色调调整的通道，其下拉列表框包括 RGB、"红""绿"和"蓝" 4 个通道选项。若选中 RGB 通道，则色阶调整命令对所有通道起作用；若选中"红""绿""蓝" 3 个单通道中的其中一个通道，则色阶调整命令只对当前所选中的通道起作用，如图 3-211 所示。

输入色阶：在"输入色阶"中有 3 个文本框，如图 3-212 所示，这 3 个文本框内的数值分别对应通道的暗调、中间调和高光。其数值分别与直方图下面的 3 个小三角色标滑块对应，通过向左或向右拖动色标滑块，实现对图像的阴影、中间调和高光的强度级别调整。

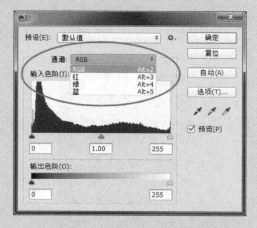

图 3-211　通道　　　　　　　　　　图 3-212　输入色阶

输出色阶：调整输出色阶的范围会降低图像的对比度，如图 3-213 所示。

吸管工具：吸管工具从左到右依次为"设置黑场吸管""设置灰场吸管"和"设置白场吸管"，如图 3-214 所示。选择其中一个吸管工具，然后将光标移动到图像中，光标会自动变成相应的吸管形状，在图像上单击，再在"色阶"对话框中的输入色阶处进行色调调整。若选择使用"设置黑场吸管"，图像中所有像素的亮度值将减去吸管单击处的像素亮度值，从而使图像变暗；与之相反，若选择使用"设置白场吸管"，图像会变亮；若选择使用"设置灰场吸管"，所选中的像素的亮度值可用来调整图像的色彩分布。

图 3-213　输出色阶

自动：若单击"自动"按钮，将以所设置的自动校正选项对图像的色阶进行调整，如图 3-215 所示。

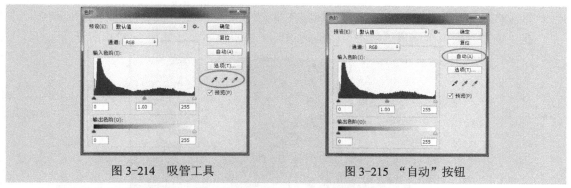

图 3-214　吸管工具　　　　　　　　　　　　图 3-215　"自动"按钮

在"通道"面板中选中"蓝 拷贝"通道，按〈Ctrl+L〉组合键，弹出"色阶"对话框，在直方图下面向左或向右分别滑动黑、白、灰色标滑块，或直接在色标滑块下方输入数值，将"蓝 拷贝"通道中的图像内容调整为只有黑白两种色彩，在此将"色阶"对话框调整成如图 3-216 所示，单击"确定"按钮，完成图像色阶的调整，调整后的"蓝 拷贝"通道中的图像效果如图 3-217 所示。

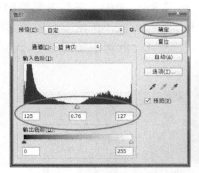

图 3-216　设置"色阶"对话框　　　　　图 3-217　调整完"蓝 拷贝"通道后的图像效果

第 4 步：将通道内容生成选区

将白色区域变换成选区。检查并确保"通道"面板中的"蓝 拷贝"通道处于选中状态，选择"选择"→"载入选区"命令，如图 3-218 所示，弹出"载入选区"对话框，选择"反向"复选框，最后单击"确定"按钮，如图 3-219 所示，此时图像中的白色区域变成了虚线选区，如图 3-220 所示。

图 3-218　选择"载入选区"命令　　图 3-219　"载入选区"对话框　　图 3-220　白色区域变成虚线选区效果

191

第5步：添加"色阶"调整图层（调整天空）

在"通道"面板中选择"RGB"混合通道，复原彩色图像，如图 3-221 所示。

图 3-221　选择 RGB 混合通道

切换到"图层"面板，确保"图层 1"图层处于选中状态，之后单击"图层"面板下方的"创建新的填充或调整图层"按钮，如图 3-222 所示，在打开的下拉列表框中选择"色阶"选项，如图 3-223 和图 3-224 所示，同时伴随着打开"色阶"属性面板，在其中调整图像中天空区域的色阶，最后单击关闭按钮，设置如图 3-225 所示。添加完"色阶"调整图层后的天空效果及"图层"面板显示如图 3-226 所示，此时天空区域的色彩更加鲜亮了，而山、树和地面区域并没有产生变化。

图 3-222　单击"创建新的填充或调整图层"按钮

图 3-223　选择"色阶"选项

图 3-224　"图层"面板

图 3-225　设置"色阶"属性面板

图 3-226　天空效果及"图层"面板显示

按〈Ctrl++〉组合键，放大图像预览，发现天空与山、树的交界处的过渡不自然，且有明显锯齿，如图 3-227 所示。出现此种情况的原因是"色阶"调整图层的图层蒙版边缘比较生硬，因此下一步将处理"色阶"调整图层的图层蒙版边缘。

图 3-227　天空与山、树的交界处的效果（处理前）

第 6 步：处理"色阶"调整图层的图层蒙版边缘（处理天空与山、树的交界处）

按〈Ctrl+-〉组合键，缩小图像预览。在"图层"面板中选中"色阶"调整图层的图层蒙版，位置标注如图 3-228 所示。在工具箱中选择"画笔"工具 ，在其选项栏中预设画笔笔刷的"大小""不透明度"和"流量"，如图 3-229 所示。再在工具箱中将前景色的颜色设置为黑色，如图 3-230 所示。

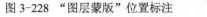

图 3-228　"图层蒙版"位置标注　　　图 3-229　"画笔"工具选项栏预设　　　图 3-230　前景色预设

将光标移动到天空与山、树交界处，按住鼠标左键不放进行涂抹，涂抹后的效果如图 3-231 所示，释放鼠标左键，图像整体效果及"图层"面板显示如图 3-232 所示。

图 3-231 天空与山、树的交界处的效果（处理后）

图 3-232 图像效果及"图层"面板显示

第 7 步：复制"色阶 1"调整图层（调整山、树及地面）

在"图层"面板中选中"色阶 1"调整图层，按〈Ctrl+J〉组合键，复制"色阶 1"调整图层，或将"色阶 1"调整图层拖曳到"图层"面板下方的"创建新图层"按钮上，如图 3-233 所示。复制完"色阶 1"调整图层后的"图层"面板显示如图 3-234 所示，此时在"色阶 1"调整图层的上方将出现一个名为"色阶 1 拷贝"的调整图层。

图 3-233 "创建新图层"按钮位置标注

图 3-234 "图层"面板

选中"色阶 1 拷贝"调整图层，按〈Ctrl+I〉组合键，实现"色阶 1 拷贝"调整图层的"图层蒙版"内容的反向交换，如图 3-235 所示，此时的图像效果如图 3-236 所示。

图 3-235 "图层蒙版"内容的反向交换

图 3-236 图像效果

194

单击"色阶 1 拷贝"调整图层上的"色阶"指示图标，位置标注如图 3-237 所示，打开"色阶"属性面板，在其中滑动直方图下面的黑、灰、白色标滑块，以调整山、树及地面的光线效果，最后单击关闭按钮，如图 3-238 所示，图像效果如图 3-239 所示。

图 3-237 "色阶"指示图标位置标注

图 3-238 设置"色阶"属性面板

图 3-239 图像效果

第 8 步：盖印图层（调整高光）

在"图层"面板中选中"色阶 1 拷贝"调整图层，按〈Ctrl+Shift+Alt+E〉组合键，盖印一个综合图层，如图 3-240 所示。之后单击"图层"面板下方的"创建新的填充或调整图层"按钮，如图 3-241 所示，在打开的下拉列表框中选择"曲线"选项，如图 3-242 所示，此时的"图层"面板如图 3-243 所示，同时弹出"曲线"属性面板，如图 3-244 所示。将光标移动到曲线的中间位置上，按住鼠标左键不放向下拖曳曲线，让图像的整体色调变暗，释放鼠标左键，"曲线"调整设置如图 3-245 所示。"曲线"调整前后的图像对比效果如图 3-246 和图 3-247 所示。

图 3-240 盖印图层

图 3-241 单击"创建新的填充或调整图层"图标位置标注

图 3-242 选择"曲线"选项

图 3-243 "图层"面板

图 3-244 "曲线"属性面板

图 3-245 "曲线"调整设置

195

图 3-246　处理前的效果　　　　　　　　　　　　图 3-247　处理后的效果

在"图层"面板中选中"曲线 1"调整图层的"图层蒙版"，如图 3-248，在工具箱中选择"画笔"工具，将光标移动到图像中的高光区域，标注如图 3-249 所示，按住鼠标左键不放进行涂抹，涂抹后的图像效果及"图层"面板如图 3-250 所示。

图 3-248　选择"图层蒙版"　　　　　　　　　　图 3-249　高光区域标注

图 3-250　图像效果及"图层"面板显示

第 9 步：整体调整

在"图层"面板中选中"曲线 1"调整图层，按〈Ctrl+Shift+Alt+E〉组合键，盖印一个综合图层，"图层"面板显示如图 3-251 所示。单击"图层"面板下方的"创建新的填充或调整图层"按钮，在打开的下拉列表框中选择"色彩平衡"选项，添加一个"色彩平衡"调整图层，如图 3-252 所示。此时会弹出"色彩平衡"属性面板，依次将光标移动到 3 个色标滑块上，按住鼠标左键不放向左或向右滑动滑块，以调整图像的整体色彩。用户可以根据个人喜好自行调色，在此预设如图 3-253 所示，单击关闭按钮。此时的图像效果及"图层"面板显示如图 3-254 所示。

用相同的操作方法再添加一个"色阶"调整图层，添加"色阶"调整图层后的"图层"面板如图 3-255 所示，"色阶"属性预设如图 3-256 所示，图像效果如图 3-257 所示。

196

图 3-251　"图层"面板　图 3-252　添加"色彩平衡"调整图层　图 3-253　设置"色彩平衡"属性面板

图 3-254　图像效果及"图层"面板显示　　　图 3-255　添加"色阶"调整图层

用相同的操作方法再添加一个"选取颜色"调整图层，添加"选取颜色"调整图层后的"图层"面板如图 3-258 所示，"选取颜色"属性预设如图 3-259 所示，最终光处理调整后的图像效果如图 3-260 所示。

图 3-256　设置"色阶"属性面板　　图 3-257　图像效果　　图 3-258　添加"选取颜色"调整图层

第 10 步：保存调整以后的图像

选择"文件"→"存储为"命令，或按〈Ctrl+Shift+S〉组合键，弹出"另存为"对话框，选择存储路径并命名文件，将文件的保存类型设置为 PSD 格式，以方便后期编辑，单击"保存"按钮，完成存储操作。

图 3-259　设置"选取颜色"属性面板

图 3-260　最终的图像效果

3.5　曝光度及整体效果调整

导读: 拍摄的图像,有时会出现曝光过度或曝光不足的情况,严重影响了画面的呈现效果。此时,可以用 Photoshop 对其进行后期补救处理,尽量使画面恢复到正常的光线拍摄效果。

以下给出的两组图像中,图 3-261 所示为曝光不足的图像,画面色彩整体偏灰,画面内容元素轮廓模糊,色彩不靓丽。图 3-263 所示为曝光过度的图像,画面整体偏白,局部过亮,从而导致局部内容有些失真,如画面中的衣服、桌面等细节都有所失真。图 3-262 和图 3-264 所示为经过曝光处理后的图像效果。这两种图像的处理方法基本相同,都是使用"曝光度"命令来调整图像。

图 3-261　曝光不足的图像

图 3-262　调整后的效果

图 3-263　曝光过度的图像

图 3-264　调整后的效果

根据图 3-261 中的画面情况，曝光度及整体画面效果调整的具体操作方法及步骤如下。

第 1 步：打开需要调整的图像

打开 Photoshop，选择"文件"→"打开"命令，弹出"打开"对话框，或按〈Ctrl+O〉组合键，打开从网盘下载的"Photoshop 图形图像处理实用教程图像库\第 3 章\曝光不足图像调整练习.jpg"文件，图像窗口显示如图 3-265 所示。

第 2 步：创建"曝光度"调整图层，适当恢复图像的曝光度和明暗对比关系

单击"图层"面板下方的"创建新的填充或调整图层"按钮，如图 3-266 所示，在打开的下拉列表框中选择"曝光度"选项，如图 3-267 和图 3-268 所示。

图 3-265　图像文件窗口显示　　　　　　　图 3-266　单击"创建新的填充或调整图层"按钮

图 3-267　选择"曝光度"选项　　　　　　　图 3-268　操作示意图

打开"曝光度"属性面板，先调整"曝光度"参数，适当增加曝光度，再调整"位移"参数以增强图像的明暗对比关系，最后调整"灰度系数校正"参数，如图 3-269 所示。以上 3 个属性数值没有固定参数，用户可以根据图像情况自行调整，最后单击关闭按钮，隐藏该面板。此时的图像效果及"图层"面板如图 3-270 所示。

第 3 步：创建"色阶"调整图层，调整画面整体的黑、白、灰对比关系

单击"图层"面板下方的"创建新的填充或调整图层"按钮，在打开的下拉列表框中选择"色阶"选项，如图 3-271 和图 3-272 所示。

图 3-269　设置"曝光度"属性面板

图 3-270　图像效果及"图层"面板

图 3-271　选择"色阶"选项

图 3-272　操作示意图

　　打开"色阶"属性面板，向左或向右滑动直方图下面的 3 个小色标滑块，以调整图像的黑、白、灰对比关系，如图 3-273 所示。用户可以根据图像情况酌情调整，最后单击该面板中的关闭按钮，隐藏该面板。此时的图像效果及"图层"面板如图 3-274 所示。

图 3-273　设置"色阶"属性面板

图 3-274　图像效果及"图层"面板

　　第 4 步：创建"可选颜色"调整图层，调整画面中的植物及房子色彩

　　单击"图层"面板下方的"创建新的填充或调整图层"按钮，在打开的下拉列表框中选择"可选颜色"选项，如图 3-275 和图 3-276 所示。

图 3-275　选择"可选颜色"选项　　　　　　　　　图 3-276　操作示意图

　　打开"可选颜色"属性面板，分别调整画面中的绿色、黄色和黑色，以调整植物和房屋的色彩，用户可以根据画面情况自行调整，在此预设如图 3-277～图 3-279 所示，最后单击该面板中的关闭按钮，隐藏该面板。此时的图像效果及"图层"面板如图 3-280 所示。

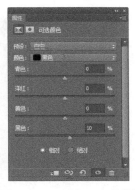

图 3-277　"绿色"参数设置　　　图 3-278　"黄色"参数设置　　　图 3-279　"黑色"参数设置

图 3-280　图像效果及"图层"面板

　　第 5 步：创建"色彩平衡"调整图层，调整画面整体色彩
　　单击"图层"面板下方的"创建新的填充或调整图层"按钮，在打开的下拉列表框中选择"色彩平衡"选项，如图 3-281 和图 3-282 所示。

图 3-281　选择"色彩平衡"选项　　　　　　　图 3-282　操作示意图

　　打开"色彩平衡"属性面板，调整画面的中间调，适当增加环境色，调整画面整体，如图 3-283 所示。最后单击该面板中的关闭按钮，隐藏该面板。最终的图像效果及"图层"面板如图 3-284 所示。

图 3-283　设置"色彩平衡"属性面板　　　　　图 3-284　图像效果及"图层"面板

第 6 步：保存调整后的图像

　　选择"文件"→"存储为"命令，或按〈Ctrl+Shift+S〉组合键，弹出"另存为"对话框，选择存储路径并命名文件，将文件的保存类型设置为 PSD 格式，以方便后期编辑，单击"保存"按钮，完成存储操作。

3.6　色彩、对比度及明度调整

　　导读： 带照相功能的电子设备，所拍摄到的图像难免会因设备限制或天气状况致使画面呈现效果较差。当然，用专业相机拍摄的图像也有可能存在类似问题，如色彩明暗对比度不强烈、画面整体偏灰、色彩饱和度不够、色相不正，以及画面缺乏层次感或空间感等问题。针对图像中存在的这些问题，本节就来学习图像的色彩、对比度及明度调整方法。在学习之前，先来看两组对比图像，使读者对本节内容有一个大致了解，图 3-285 和图 3-287 所示为原图，图 3-286 和图 3-288 所示为调整图像的色彩、对比度及明度后的效果。

图 3-285　原图 1　　　　图 3-286　调整后的效果　　　图 3-287　原图 2　　图 3-288　调整后的效果

在图 3-285 中，图像色调整体偏灰，色彩不鲜亮，且明暗对比关系不强烈，图像的色彩、对比度及明度调整的具体操作方法及步骤如下。

第 1 步：打开需要调整的图像

打开 Photoshop，选择"文件"→"打开"命令，弹出"打开"对话框，或按〈Ctrl+O〉组合键，打开从网盘下载的"Photoshop 图形图像处理实用教程图像库\第 3 章\图像色彩、对比度、明度调整练习 1.jpg"文件，图像窗口显示如图 3-289 所示。

图 3-289　图像文件窗口显示

第 2 步：复制"背景"图层，并修改图层的混合模式

在"图层"面板中选中"背景"图层，按〈Ctrl+J〉组合键，或按住鼠标左键不放将"背景"图层拖曳到"图层"面板右下方的"创建新图层"按钮上，如图 3-290 所示。之后释放鼠标左键，复制"背景"图层，复制后的图层名称为"图层 1"。选中该图层，将该图层的混合模式修改为"柔光"，通过修改图层混合模式略微拉大图像的黑白对比关系，此时的"图层"面板显示如图 3-291 所示。**（小知识 13：复制图层）（小知识 39：混合模式）**

图 3-290 "创建新图层"按钮位置标注

图 3-291 "图层"面板

第 3 步：创建"可选颜色"调整图层，调整蓝天和植物色彩

在"图层"面板中选中"图层 1"图层，单击"图层"面板下方的"创建新的填充或调整图层"按钮，如图 3-292 所示，在打开的下拉列表框中选择"可选颜色"选项，如图 3-293 所示。

图 3-292 单击"创建新的填充或调整图层"按钮

图 3-293 操作示意图

打开"可选颜色"属性面板，如图 3-294 所示。先调整"蓝色"和"青色"以增强蓝天色彩，如图 3-295 和图 3-296 所示。再调整"绿色"和"黄色"以增强植物色彩，如图 3-297 和图 3-298 所示，最后单击关闭按钮，隐藏该面板。此时的"图层"面板显示如图 3-299 所示。添加完"可选颜色"调整图层后的图像对比效果如图 3-300 和图 3-301 所示。

图 3-294 "可选颜色"属性面板

图 3-295 调整"蓝色"

图 3-296 调整"青色"

图 3-297　调整"绿色"　　　图 3-298　调整"黄色"　　　图 3-299　"图层"面板

图 3-300　未添加"可选颜色"调整图层的图像效果　　图 3-301　添加"可选颜色"调整图层后的图像效果

第 4 步：创建"亮度/对比度"调整图层，调整画面整体的亮度和对比度

单击"图层"面板下方的"创建新的填充或调整图层"按钮，在打开的下拉列表框中选择"亮度/对比度"选项，如图 3-302 所示，此时的"图层"面板如图 3-303 所示。选择"亮度/对比度"选项后，将打开"亮度/对比度"属性面板，如图 3-304 所示。在其中向左或向右拖曳"亮度"和"对比度"的滑块，以调整图像的整体亮度和对比度，用户可以根据图像整体情况酌情设置参数，在此预设如图 3-305 所示，最后单击关闭按钮，隐藏该面板。添加完"亮度/对比度"调整图层后的图像效果如图 3-306 所示。

图 3-302　选择"亮度/对比度"选项　　图 3-303　"图层"面板　　图 3-304　"亮度/对比度"属性面板

图 3-305　设置"亮度"和"对比度"　　　　图 3-306　添加"亮度/对比度"调整图层后的图像效果

第 5 步：创建"色彩平衡"调整图层，调整画面的整体色调

单击"图层"面板下方的"创建新的填充或调整图层"按钮，在打开的下拉列表框中选择"色彩平衡"选项，如图 3-307 所示，此时的"图层"面板如图 3-308 所示。选择"色彩平衡"选项后，将打开"色彩平衡"属性面板，如图 3-309 所示。在其中向左或向右拖曳色彩滑块以调整图像的整体色调，用户可以根据图像整体情况酌情设置参数，在此预设如图 3-310 所示，单击关闭按钮，隐藏该面板。添加完"色彩平衡"调整图层后的图像如图 3-311 所示。

图 3-307　选择"色彩平衡"选项　　图 3-308　"图层"面板　　图 3-309　"色彩平衡"属性面板

图 3-310　设置色彩平衡参数　　　　图 3-311　添加"色彩平衡"调整图层后的图像效果

第 6 步：创建"曲线"调整图层，再次调整画面的整体对比度

单击"图层"面板下方的"创建新的填充或调整图层"按钮，在打开的下拉列表框中选择"曲线"选项，如图 3-312 所示，此时的图层面板如图 3-313 所示。选择"曲线"选项后，将打开"曲线"属性面板，如图 3-314 所示。将光标移动到"曲线"属性面板中的斜线上，将 RGB 混合通道的曲线调整成"S"形，如图 3-315 所示。再分别调整"红""绿"和"蓝"通道上的曲线，用户可以根据图像整体情况酌情调整曲线形状，在此调整如图 3-316～图 3-318 所示，单击关闭按钮，隐藏该面板。添加完"曲线"调整图层后的图像对比效果如图 3-319 和图 3-320 所示。

图 3-312 选择"曲线"选项

图 3-313 "图层"面板

图 3-314 "曲线"属性面板

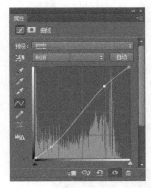

图 3-315 RGB 混合通道曲线调整

图 3-316 红色通道曲线调整

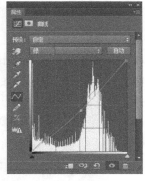

图 3-317 绿色通道曲线调整

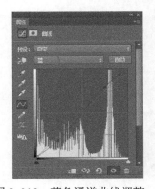

图 3-318 蓝色通道曲线调整

图 3-319 未添加"曲线"调整图层的图像效果

图 3-320 添加"曲线"调整图层后的图像效果

第 7 步：保存调整完色彩、对比度和明度以后的图像

选择"文件"→"存储为"命令，或按〈Ctrl+Shift+S〉组合键，弹出"另存为"对话框，选择存储路径并命名文件，将文件的保存类型设置为 PSD 格式，以方便后期编辑，单击"保存"按钮，完成存储操作。

3.7　形态变形

导读： 用相机拍摄的静物，所呈现出来的状态有时令人不满意，可以再次调整静物的形态、位置或光线进行二次拍摄，但这样操作会占用拍摄者很大一部分时间。基于在生活中遇到的这样一个难题，本节就来学习形态变形。在学习之前先来看两组图像，图 3-321 和图 3-323 所示为原始形态图像，图 3-322 和图 3-324 所示为用 Photoshop 调整后的形态效果。接下来通过学习两个案例来掌握形态变形的操作处理方法。

图 3-321　原始形态 1　图 3-322　变形后的形态 1　　图 3-323　原始形态 2　　图 3-324　变形后的形态 2

3.7.1　红领巾变形

根据图 3-322 中的变形情况，形态变形的具体操作方法及步骤如下。

第 1 步：打开需要变形的图像

打开 Photoshop，选择"文件"→"打开"命令，弹出"打开"对话框，或按〈Ctrl+O〉组合键，打开从网盘下载的"Photoshop 图形图像处理实用教程图像库\第 3 章\形态变形练习（红领巾）.jpg"文件，图像窗口显示如图 3-325 所示。

图 3-325　图像文件窗口显示

第 2 步：将"背景"图层转换为普通图层

在"图层"面板中选中"背景"图层，如图 3-326 所示，按住〈Alt〉键不放，双击"背景"图层，之后释放〈Alt〉键，"背景"图层将直接转换为普通图层，转换后的"图层"面板如图 3-327 所示，此时的图层名称变为"图层 0"。（**小知识 5："背景"图层转换为普通图层**）

图 3-326　选择"背景"图层　　　　　　　图 3-327　普通图层

第 3 步：去除白色背景

在"图层"面板中选中"图层 0"图层，在工具箱中选择"矩形选框"工具，将光标移动到图像中的白色背景上，按住鼠标左键不放，用"矩形选框"工具绘制一个矩形选区，释放鼠标左键，效果如图 3-328 所示。

选择"选择"→"选取相似"命令，如图 3-329 所示，执行完"选取相似"命令后的选区变化如图 3-330 所示。

图 3-328　绘制矩形选区　　　图 3-329　选择"选取相似"命令　　　图 3-330　选区变化

检查并确保"图层 0"图层处于选中状态，在图 3-330 的基础上，按〈Backspace〉键或〈Delete〉键，删除白色背景，效果如图 3-331 所示。选择"选择"→"取消选择"命令，如图 3-332 所示，或按〈Ctrl+D〉组合键，取消虚线选区，效果如图 3-333 所示。

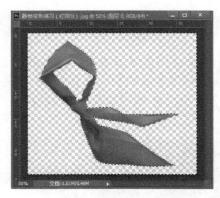

图 3-331　删除白色背景效果　　　图 3-332　选择"取消选择"命令　　　图 3-333　取消选区后的效果

第 4 步：变形红领巾

小知识 41：操控变形

使用"操控变形"命令可以随意扭曲、变形特定的图像区域，并保持其他区域不发生变化，常用该命令来修改形态、人物动作和发型等。该命令在菜单栏中的位置如图 3-334 所示。

1. 使用方法

第一步，在"图层"面板中选中需要变形的内容所在的图层，图层类型需为可编辑的普通图层，如图 3-335 所示。第二步，选择"编辑"→"操控变形"命令，此时在图像上将布满可视化网格，效果如图 3-336 所示。第三步，设置"操控变形"命令的选项栏，在选项栏中设置"模式""浓度""扩展""显示网格""图钉深度"和"旋转"等参数，如图 3-337 所示。第四步，将光标移动到网格中图像的"关键点 1"处，单击以添加第一个"图钉"，再将光标移动到"关键点 2"和"关键点 3"处，分别单击以添加第二个、第三个"图钉"，如图 3-338 和图 3-339 所示。第五步，将光标移动到"关键点 3"处的第三个"图钉"上，按住鼠标左键不放，移动"图钉"位置，以调节图像的形状，释放鼠标左键，效果如图 3-340 所示。第六步，按〈Enter〉键或单击"操控变形"命令选项栏右侧的对号按钮，确认变化的图像形状，可视化网格自动消失，效果如图 3-341 所示。

图 3-334　"操控变形"命令在菜单栏中的位置　　　　　图 3-335　选中图层

210

图 3-336　可视化网格效果

图 3-337　"操控变形"命令的选项栏

图 3-338　关键点位置标注

图 3-339　添加"图钉"后的效果

图 3-340　移动"图钉"位置

图 3-341　图像变形效果

2. 选项栏介绍

"模式"包括"刚性""正常"和"扭曲"3 种。当选择"刚性"模式时，图像变形效果比较精准，但过渡效果不柔和，如图 3-342 所示；当选择"正常"模式时，图像变形效果比较精准，过渡效果也很柔和，如图 3-343 所示；当选择"扭曲"模式时，可以在图像变形的同时创建透视效果，如图 3-344 所示。

图 3-342 "刚性"模式　　　　图 3-343 "正常"模式　　　　图 3-344 "扭曲"模式

"浓度"表示的是网格点的数量，有"较少点""正常"和"较多点"3 个选项。当选择"较少点"选项时，网格点的数量少，所能添加的"图钉"数量也少，间距大，如图 3-345 所示；当选择"较多点"选项时，网格点的数量多，所能添加的"图钉"数量多，间距小，如图 3-346 所示；当选择"正常"选项时，网格点的数量适中，如图 3-347 所示。

图 3-345 浓度（较少点）　　　图 3-346 浓度（较多点）　　　图 3-347 浓度（正常）

"扩展"用来设置图像变形效果的衰减范围，数值增大，网格的范围就会相应地向外扩展，变形之后，图像的边缘会变得更加平滑，效果如图 3-348 所示。数值减小（可以设置为负值），网格的范围就会相应地向内收缩，变形之后，图像的边缘会变得很生硬，如图 3-349 所示。

图 3-348 扩展数值为 10 像素　　　　图 3-349 扩展数值为 -20 像素

"显示网格"用于设置是否在图像上方显示可视化的变形网格。"图钉深度"用来设置"图钉"的堆叠顺序。选中一个"图钉"后，在选项栏中单击"将图钉前移"按钮，可以将"图钉"向上层移动一个堆叠顺序；单击"将图钉后移"按钮，可以将"图钉"向下层移动一个堆叠顺序。"旋转"包括"自动"和"固定"两个选项。

检查并确保"图层 0"图层处于选中状态，选择"编辑"→"操控变形"命令，此时会在红领巾上布满很多可视化网格，效果如图 3-350 所示。

在"操控变形"命令的选项栏中预设此命令，选择"正常"模式，"正常"浓度，设置"扩展"为"2 像素"并选择"显示网格"复选框，用户可以根据图像情况自行设置，在此预设如图 3-351 所示。

图 3-350　可视化网格效果

先将光标移动到红领巾上的"关键点 1"处，并在此处单击以添加第一个"图钉"，再将光标移动到"关键点 2"和"关键点 3"处，分别单击以添加第二个、第三个"图钉"，如图 3-338 和图 3-339 所示。

图 3-351　"操控变形"命令选项栏预设

将光标移动到"关键点 3"处的第三个"图钉"上，按住鼠标左键不放，移动"图钉"位置，调节红领巾的形态，释放鼠标左键，效果如图 3-352 所示。

再将光标移动到红领巾上的"关键点 4"和"关键点 5"处，分别单击以添加第四个、第五个"图钉"，如图 3-353 和图 3-354 所示。

图 3-352　移动第三个"图钉"位置

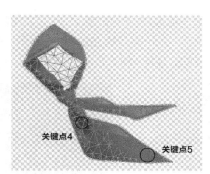

图 3-353　关键点位置标注

将光标移动到"关键点 5"处的第五个"图钉"上，按住鼠标左键不放，移动"图钉"位置，再次调节红领巾的形态，释放鼠标左键，效果如图 3-355 所示。

图 3-354　添加图钉

图 3-355　移动第五个"图钉"位置

按〈Enter〉键或单击"操控变形"命令选项栏右侧的对号按钮，确认变化的红领巾形状，网格自动消失，效果如图 3-356 所示。

图 3-356　变形后的红领巾形态

第 5 步：填充背景色

在"图层"面板下方单击"创建新图层"按钮，如图 3-357 所示，或按〈Ctrl+Shift+Alt+N〉组合键，在"图层 0"图层上方将多出一个名为"图层 1"的新图层，如图 3-358 所示。（**小知识 10：创建普通图层**）

图 3-357　单击"创建新图层"按钮

图 3-358　"图层"面板

选中"图层 1"图层，在工具箱中设置前景色的颜色，如图 3-359 所示。按〈Alt+Delete〉组合键，填充前景色色彩。填充后的图像效果及"图层"面板显示如图 3-360 所示。（**小知识 17：前景色与背景色**）

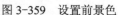

图 3-359　设置前景色

图 3-360　图像效果及"图层"面板

在"图层"面板中选中"图层 1"图层，按住鼠标左键不放，将"图层 1"图层拖曳到"图层 0"图层下方，释放鼠标左键，操作示意图如图 3-361 所示，移动图层顺序后的"图层"面板显示如图 3-362 所示，最终的图像效果如图 3-363 所示。（**小知识 12：移动图层顺序**）

图 3-361　操作示意图

图 3-362　"图层"面板

图 3-363　最终的图像效果

第 6 步：保存变形的图像

选择"文件"→"存储为"命令，或按〈Ctrl+Shift+S〉组合键，弹出"另存为"对话框，选择存储路径并命名文件，将文件的保存类型设置为 PSD 格式，以方便后期编辑，单击"保存"按钮，完成存储操作。

3.7.2　麻绳变形

根据图 3-324 中的变形情况，绳子形态变形的具体操作方法及步骤如下。

第 1 步：打开需要变形的图像

打开 Photoshop，选择"文件"→"打开"命令，弹出"打开"对话框，或按〈Ctrl+O〉组合键，打开从网盘下载的"Photoshop 图形图像处理实用教程图像库\第 3 章\形态变形练习（麻绳）.jpg"文件，图像窗口显示如图 3-364 所示。

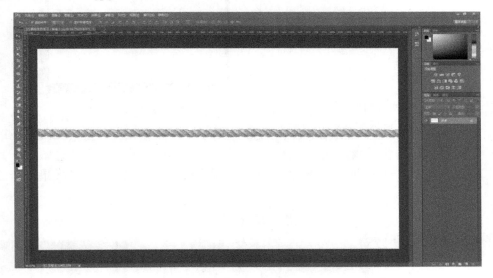

图 3-364　图像文件窗口显示

第 2 步：将"背景"图层转换为普通图层

在"图层"面板中选中"背景"图层，如图 3-365 所示。再按〈Alt〉键不放，双击"背景"图层，之后释放〈Alt〉键，"背景"图层将直接转换为"普通"图层，转换后的"图层"面板如图 3-366 所示。此时的图层名称变为"图层 0"。（**小知识 5："背景"图层转换为普通图层**）

第 3 步：删除白色背景

在"图层"面板中选中"图层 0"图层，在工具箱中选择"矩形选框"工具 ▦，将光标移动到图像中的白色背景上，按住鼠标左键不放，用"矩形选框"工具绘制一个矩形选区，释放鼠标左键，效果如图 3-367 所示。

  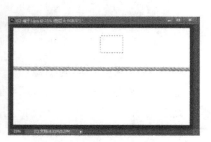

图 3-365　选择"背景"图层　　　　图 3-366　普通图层　　　　图 3-367　绘制矩形选区

选择"选择"→"选取相似"命令，如图 3-368 所示，执行完"选取相似"命令后的选区变化如图 3-369 所示。

 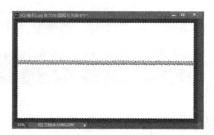

图 3-368　选择"选取相似"命令　　　　　　　　　图 3-369　选区变化

检查并确保"图层 0"图层处于选中状态，在图 3-369 的基础上，按〈Backspace〉键或〈Delete〉键，删除白色背景，此时的图像效果如图 3-370 所示。选择"选择"→"取消选择"命令，如图 3-371 所示，或按〈Ctrl+D〉组合键，取消虚线选区，效果如图 3-372 所示。

  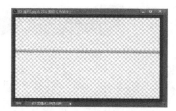

图 3-370　删除白色背景效果　　　图 3-371　选择"取消选择"命令　　　图 3-372　取消选区后的效果

第 4 步：拼接麻绳

第一次复制图层。检查并确保"图层 0"图层处于选中状态，按住鼠标左键不放将"图

216

层 0"图层拖曳到"创建新图层"按钮上，操作示意图如图 3-373 所示，或按〈Ctrl+J〉组合键复制图层，之后释放鼠标左键，复制"图层 0"图层，复制图层后的"图层"面板显示如图 3-374 所示。（小知识 13：复制图层）

　　第二次复制图层。在"图层"面板中选中"图层 0 拷贝"图层，按住鼠标左键不放，将"图层 0 拷贝"图层拖曳到"创建新图层"按钮上，操作示意图如图 3-375 所示，或按〈Ctrl+J〉组合键复制图层，之后释放鼠标左键，复制"图层 0 拷贝"图层，复制图层后的"图层"面板显示如图 3-376 所示。（小知识 13：复制图层）

图 3-373　操作示意图　　　　　图 3-374　"图层"面板　　　　　图 3-375　操作示意图

　　修改画布尺寸。选择"图像"→"画布大小"命令，如图 3-377 所示，或按〈Alt+Ctrl+C〉组合键，弹出"画布大小"对话框，如图 3-378 所示，在其中可以看到当前画布的尺寸信息。将当前画布的"宽度"修改为 18.85 厘米×3=56.55 厘米（将画布的"宽度"变为原来的 3 倍，用户可以根据图像情况自行设置画布的尺寸），在此设置如图 3-379 所示，单击"确定"按钮，此时的画布尺寸变化如图 3-380 所示。

图 3-376　"图层"面板　　　　　　　　图 3-377　选择"画布大小"命令

 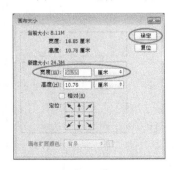

图 3-378　"画布大小"对话框　　　　　　图 3-379　修改尺寸

图 3-380　画布尺寸变化

　　第一次拼接麻绳。在"图层"面板中选中"图层 0 拷贝 2"图层，在工具箱中选择"移动"工具，或按〈V〉键，将光标移动到麻绳上，按住鼠标左键不放，再按住〈Shift〉键不放，水平移动光标，实现麻绳的水平向右移动，让两条麻绳首尾相接，操作示意图如图 3-381 所示，释放鼠标左键和〈Shift〉键，效果如图 3-382 所示。

图 3-381　操作示意图

图 3-382　图像效果

　　第二次拼接麻绳。在"图层"面板中选中"图层 0 拷贝"图层，在工具箱中选择"移动"工具，或按〈V〉键，将光标移动到麻绳上，按〈Shift〉键不放，移动光标，实现麻绳的水平向左移动，让两条麻绳首尾相接，操作示意图如图 3-383 所示，释放鼠标左键和〈Shift〉键，效果如图 3-384 所示。

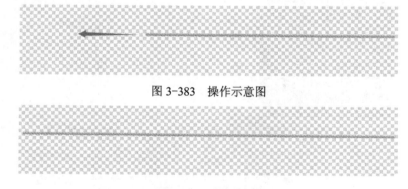

图 3-383　操作示意图

图 3-384　图像效果

　　合并图层。在"图层"面板中选中"图层 0"图层，按住〈Shift〉键不放，将光标移动到"图层 0 拷贝 2"图层上并单击，以同时选中 3 个图层，如图 3-385 所示。之后将光标移动到"图层"面板上并右击，在弹出的快捷菜单中选择"合并图层"命令，如图 3-386 所示，或按〈Ctrl+E〉组合键，完成 3 个图层的合并，合并图层后的"图层"面板显示如图 3-387 所示。（**小知识 7：多图层选择**）

218

图 3-385　同时选中 3 个图层　图 3-386　选择"合并图层"命令　图 3-387　合并图层后的"图层"面板

第 5 步：绘制参考形状

在工具箱中将前景色的颜色设置为棕色（R:170，G:110，B:0），用户可以根据情况自行设定色彩的颜色。（**小知识 17：前景色与背景色**）

在工具箱中选择"自定形状"工具，如图 3-388 所示。在"自定形状"工具的选项栏中，将"描边"关闭，并选择一种辅助形状，这里选择"蝴蝶状"，如图 3-389 所示。

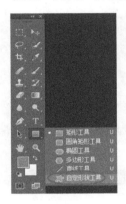

图 3-388　选择"自定形状"工具　　　　　　图 3-389　"自定形状"工具选项栏预设

预设完"自定形状"工具后，将光标移动到画布中，按住鼠标左键不放，按住〈Shift〉键不放，用"自定形状"工具等比绘制出一只"棕色蝴蝶"，效果如图 3-390 所示，释放鼠标左键和〈Shift〉键。绘制完"棕色蝴蝶"后的"图层"面板会多出一个名为"形状 1"的图层，如图 3-391 所示。

图 3-390　绘制蝴蝶辅助形状

第 6 步：变形麻绳

在"图层"面板中选中"图层 0 拷贝 2"图层（麻绳所在的图层），选择"编辑"→"操控变形"命令，如图 3-392 所示，此时在麻绳上布满了很多可视化网格，效果如图 3-393 所示。

图 3-391 "图层"面板

图 3-392 选择"操控变形"命令

图 3-393 可视化网格

在"操控变形"命令的选项栏中将"模式"设置为"正常"，将"浓度"设置为"正常"，将"扩展"设置为"2 像素"并选择"显示网格"复选框，用户可以根据图像情况自行设置，在此预设如图 3-394 所示。

图 3-394 "操控变形"命令选项栏预设

先将光标移动到麻绳与"蝴蝶"左侧相交处，单击以添加第一个"图钉"，效果如图 3-395 所示。

图 3-395 添加第一个"图钉"

再将光标移动到第一个"图钉"的左侧，添加第二个"图钉"，效果如图 3-396 所示。将光标移动到第二个"图钉"上，按住鼠标左键不放，移动光标，调节"图钉"位置，此时麻绳的方向及形状也随着一起变化，效果如图 3-397 所示。释放鼠标左键。

图 3-396 添加第二个"图钉"　　　　　　　　　图 3-397 图像效果

　　用相同的操作方法，继续在麻绳上添加"图钉"，并不断将光标移动到"图钉"上调整其位置，以调节麻绳的方向及形状，直至麻绳首尾相连，效果如图 3-398 所示。

　　在此需要特别注意的是，将光标移动到"图钉"上并单击，以选中当前"图钉"，按〈Delete〉键，可以删除"图钉"。在添加"图钉"调整麻绳的形状及位置的过程中，可以配合〈Ctrl++〉或〈Ctrl+-〉组合键来放大或缩小图像预览。

　　最后按〈Enter〉键或单击"操控变形"命令选项栏右侧的对号按钮，确认变化的麻绳形状，可视化网格消失，效果如图 3-399 所示。

图 3-398 调节麻绳的方向及形状　　　　　　　图 3-399 图像效果

第 7 步：移动图层顺序

　　移动图层顺序。在"图层"面板中选中"形状 1"图层，按住鼠标左键不放，将其拖曳到"图层 0 拷贝 2"图层下方，操作示意图如图 3-400 所示，释放鼠标左键，移动图层顺序后的"图层"面板显示如图 3-401 所示，图像效果如图 3-402 所示。（**小知识 12：移动图层顺序**）

图 3-400 操作示意图　　　　　　　　　　图 3-401 "图层"面板显示

图 3-402　图像效果

第 8 步：　裁切多余内容

在工具箱中选择"裁切"工具![裁切图标]，并在其选项栏中预设此工具，如图 3-403 所示。此时的图像边缘多出一个裁切框，效果如图 3-404 所示。（**小知识 3：裁切工具**）

图 3-403　"裁切"工具选项栏预设

图 3-404　裁切框

将光标移动到裁切框上，按住鼠标左键不放，依次拖曳裁切框左右两条边或拖曳裁切框上的控制点，设置好要保留的图像区域，如图 3-405 所示，按〈Enter〉键或双击，或单击"裁切"工具选项栏上的对号按钮，完成多余内容的裁切，裁切后的图像效果如图 3-406 所示。

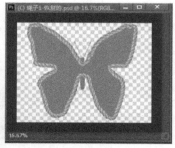

图 3-405　设置要保留的区域　　　　　图 3-406　裁切后的图像效果

第 9 步：创建新图层并填充背景色

创建新图层。在"图层"面板中选中"图层 0 拷贝 2"图层，单击"创建新图层"按钮，如图 3-407 所示，或按〈Ctrl+Shift+Alt+N〉组合键，创建一个空图层，名称为"图层1"，如图 3-408 所示。（**小知识 10：创建普通图层**）

图 3-407　单击"创建新图层"按钮　　　　　图 3-408　"图层"面板

　　填充背景色彩。选中"图层 1"图层，在工具箱中设置前景色的颜色为浅黄色（R:155，G:255，B:150），用户可以根据图像情况自行设定颜色，如图 3-409 所示，按〈Alt+Delete〉组合键，以填充前景色的色彩，填充后的图像效果如图 3-410 所示，填充后的"图层"面板显示如 图 3-411 所示。（**小知识 17：前景色与背景色**）

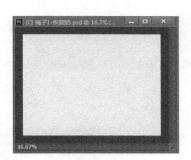

图 3-409　设置前景色色彩　　　图 3-410　图像效果　　　图 3-411　"图层"面板显示

　　移动图层顺序。选中"图层 1"图层，按住鼠标左键不放，将其拖曳到"形状 1"图层下方，释放鼠标左键，操作示意图如图 3-412 所示，移动完图层顺序后的"图层"面板显示如图 3-413 所示，最终的图像效果如图 3-414 所示。（**小知识 12：移动图层顺序**）

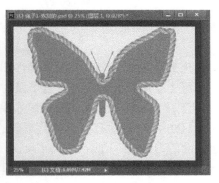

图 3-412　操作示意图　　　图 3-413　"图层"面板　　　图 3-414　最终的图像效果

第 10 步：保存变形的图像

选择"文件"→"存储为"命令，或按〈Ctrl+Shift+S〉组合键，弹出"另存为"对话框，选择存储路径并命名文件，将文件的保存类型设置为 PSD 格式，以方便后期编辑，单击"保存"按钮，完成存储操作。

3.8 图像贴图

导读：对于内容单薄的图像，有时需要对画面中的内容进行贴图，实现内容的替换，以此来丰富画面。例如，可以为空间场景贴图以替换墙面、地板的材质等，也可以对包装盒贴图，从而提升产品包装的视觉效果，本节就来学习图像的贴图操作方法。在学习这些内容之前，先来看一组图像，对本节内容有一个大致了解，图 3-415 所示为一个由白色泡沫做成的立体盒子，图 3-416～图 3-418 所示为材质图像，图 3-419 所示为贴图后的图像效果。

　　　图 3-415　白色泡沫立体盒子　　　　　图 3-416　材质 1　　　　　图 3-417　材质 2

　　　　图 3-418　材质 3　　　　　　　　图 3-419　贴图后的图像效果

根据图 3-419 中的贴图情况，图像贴图的具体操作方法及步骤如下。

第 1 步：打开白色泡沫盒子及材质图像

打开 Photoshop，选择"文件"→"打开"命令，弹出"打开"对话框，或按〈Ctrl+O〉组合键，打开从网盘下载的"Photoshop 图形图像处理实用教程图像库\第 3 章\图像贴图练习\盒子 1.jpg""Photoshop 图形图像处理实用教程图像库\第 3 章\图像贴图练习\材质 1.jpg""Photoshop 图形图像处理实用教程图像库\第 3 章\图像贴图练习\材质 2.jpg"和"Photoshop 图形图像处理实用教程图像库\第 3 章\图像贴图练习\材质 3.png"4 张图像文件，图像窗口显示如图 3-420 所示。（**小知识 6：快捷打开多个文件**）

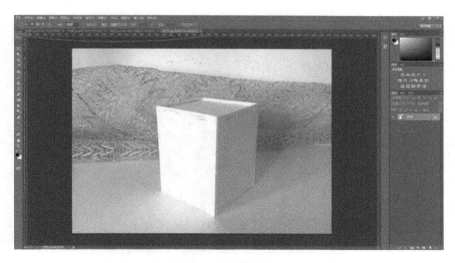

图 3-420　图像窗口

第 2 步：移动"材质 1""材质 2"和"材质 3"图像到"盒子 1"图像文件中

将光标移动到"标题栏"位置，单击"材质 1.jpg"文字，确保显示该文件图像，如图 3-421 所示。再在工具箱中选择"移动"工具，将光标移动到"材质 1"图像区域，按住鼠标左键和〈Shift〉键不放，拖动"材质 1"图像，先将其拖动到"标题栏"处的"盒子 1.jpg"文字上，此时软件会自动切换显示"盒子 1"图像文件。继续按住鼠标左键和〈Shift〉键不放，将"材质 1"图像拖动到"盒子 1"文件的图像区域中，最后释放鼠标左键和〈Shift〉键，此时"材质 1"图像会自动置于"盒子 1"图像文件的中心位置，最后的图像效果及"图层"面板显示如图 3-422 所示。

图 3-421　显示"材质 1"图像

用以上相同的拖动方法，将"材质 2"和"材质 3"图像拖动到"盒子 1"图像文件中，此时的图像效果及"图层"面板显示如图 3-423 所示。（小知识 35：显示指定文件）（小知识 1：图像自动置于文件中心位置）

225

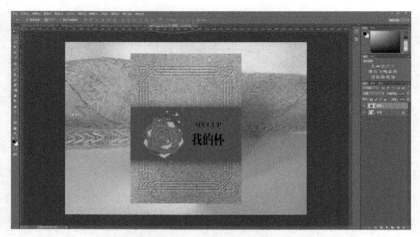

图 3-422　图像效果及"图层"面板显示

图 3-423　图像效果及"图层"面板显示

第 3 步：关闭"材质 1""材质 2"和"材质 3"图像文件

将"材质 1""材质 2"和"材质 3"图像移动到"盒子 1"图像文件中后，在"标题栏"处单击关闭按钮，位置标注如图 3-424 所示，分别关闭"材质 1.jpg""材质 2.jpg"和"材质 3.png"文件。

图 3-424　关闭图标位置标注

第 4 步：编辑图层

在"图层"面板中隐藏"图层 2"和"图层 3"图层，显示"图层 1"和"背景"图层，如图 3-425 所示。将光标移动到"图层 1"图层上并单击，选中该图层，如图 3-426 所示。按〈Ctrl+J〉组合键，复制"图层 1"图层，此时在"图层 1"图层上方将出现一个名为"图层 1 拷贝"的新图层。选中该图层，再将下方的"图层 1"图层隐藏，如图 3-427 所示。（**小知**

226

识 13：复制图层）

图 3-425　显隐图层

图 3-426　选中"图层 1"图层

图 3-427　"图层"面板显示

第 5 步：第一次贴图

检查并确保"图层 1 拷贝"图层处于选中状态，按〈Ctrl+T〉组合键，此时在材质图像边缘出现实线边框，如图 3-428 所示。将光标移动到图像上并右击，在弹出的快捷菜单中选择"扭曲"命令，如图 3-429 和图 3-430 所示。

图 3-428　实线边框

图 3-429　选择"扭曲"命令

图 3-430　操作示意图

选择"扭曲"命令后，将光标移动到实线边框的 4 个角上，按住鼠标左键不放，分别移动实线边框 4 个角的位置，直至调整到与盒子的正面的 4 个角吻合为止，过程如图 3-431～图 3-434 所示，最后按〈Enter〉键，确认"扭曲"操作，实线边框消失，完成材质图像形状的调整，效果如图 3-435 所示。

图 3-431　调整过程 1

图 3-432　调整过程 2

图 3-433　调整过程 3　　　　　　　　　　图 3-434　调整过程 4

检查并确保"图层 1 拷贝"图层处于选中状态，将该图层的混合模式修改为"正片叠底"，其目的是让材质与底图更好地吻合，看上去不那么生硬。图像效果及"图层"面板显示如图 3-436 所示。（**小知识 39：混合模式**）

图 3-435　图像效果　　　　　　　　图 3-436　图像效果及"图层"面板

第 6 步：第二次贴图

在"图层"面板中将"图层 1"图层设置为显示状态，并选中该图层，如图 3-437 所示。用以上相同的操作方法，变化材质图像形状，其过程如图 3-438～图 3-441 所示，图像效果如图 3-442 所示。

图 3-437　显示"图层 1"图层　　　　　　图 3-438　操作过程 1

在此需要特别提示的是，这里不再更改"图层 1"图层的"混合模式"，因为此面处于暗部，材质本身的色彩及亮度正好适中。没有固定限制，用户也可以为其添加合适的图层

"混合模式"。（**小知识 39：混合模式**）

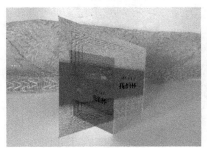

图 3-439　操作过程 2

图 3-440　操作过程 3

图 3-441　操作过程 4

图 3-442　图像效果

第 7 步：第三次贴图

在"图层"面板中将"图层 2"图层设置为显示状态，并选中该图层，如图 3-443 所示。用以上相同的操作方法，变化材质图像形状，图像效果如图 3-444 所示。

图 3-443　显示"图层 2"图层

图 3-444　图像效果

检查并确保"图层 2"图层处于选中状态，将该图层的混合模式修改为"深色"，图像效果及"图层"面板显示如图 3-445 所示。（**小知识 39：混合模式**）

第 8 步：变化标签形状

在"图层"面板中将"图层 3"图层设置为显示状态，并选中该图层，如图 3-446 所示。用以上相同的操作方法，变化标签形状，再用"移动"工具移动标签位置，图像效果如图 3-447 所示。

图 3-445　图像效果及"图层"面板

图 3-446　显示"图层 3"图层

图 3-447　变化标签形状并移动位置

第 9 步：为标签添加投影

检查并确保"图层 3"图层处于选中状态，单击"图层"面板左下角的"添加图层样式"按钮，如图 3-448 所示，在打开的下拉列表框中选择"投影"选项，如图 3-449 和图 3-450 所示，弹出"图层样式"对话框，在其中预设投影的"不透明度""角度""距离""扩展"和"大小"等参数，如图 3-451 所示，最后单击右上方的"确定"按钮，完成投影的添加。此时的图像效果及"图层"面板显示如图 3-452 所示。

图 3-448　单击"添加图层样式"按钮

图 3-449　选择"投影"选项

图 3-450　操作示意图

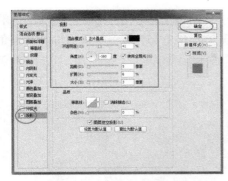

图 3-451 "图层样式"对话框

图 3-452 图像效果及"图层"面板

第 10 步：整体调整图像

在"图层"面板中选中"图层 3"图层，按〈Shift+Ctrl+Alt+E〉组合键盖印图层，此时在"图层 3"图层上方将出现一个名为"图层 4"的新图层，在此需要特别注意的是，该图层是下面所有可见图层显示内容合并以后产生的新图层，如图 3-453 所示。

选中"图层 4"图层，单击"图层"面板下方的"创建新的填充或调整图层"按钮，如图 3-454 所示，在打开的下拉列表框中选择"色阶"选项，如图 3-455 和图 3-456 所示。

图 3-453 盖印图层

图 3-454 单击"创建新的
填充或调整图层"按钮

图 3-455 选择"色阶"选项

图 3-456 操作示意图

231

打开"色阶"属性面板，通过向左或向右滑动直方图下面的 3 个色标滑块，调整图像的黑白灰关系。用户可以根据图像情况自行调色，在此预设如图 3-457 所示。最后单击右上角的关闭按钮，隐藏该面板。此时的图像效果及"图层"面板显示如图 3-458 所示。（**小知识 40: 色阶**）

图 3-457　设置"色阶"属性面板

图 3-458　图像效果及"图层"面板

再单击"图层"面板下方的"创建新的填充或调整图层"按钮，在打开的下拉列表框中选择"可选颜色"选项，如图 3-459 和图 3-460 所示。

图 3-459　选择"可选颜色"选项

图 3-460　操作示意

打开"可选颜色"属性面板，在其中调整各颜色的数值，用户可以根据图像情况自行调色，在此预设如图 3-461 所示。最后单击右上角的关闭按钮，隐藏该面板。此时的图像效果及"图层"面板显示如图 3-462 所示。

图 3-461　设置"可选颜色"属性面板

图 3-462　图像效果及"图层"面板

第 11 步：保存调整后的图像

选择"文件"→"存储为"命令，或按〈Ctrl+Shift+S〉组合键，弹出"另存为"对话框，选择存储路径并命名文件，将文件的保存类型设置为 PSD 格式，以方便后期编辑，单击"保存"按钮，完成存储操作。

3.9　添加影子

导读：对于从图像中抠取出来的内容，有时需要为其添加影子，使之更好地与背景、物体融合。本节通过学习两个案例，来掌握添加倒影、投影和折影的操作方法。在学习添加影子的操作过程中需要特别注意的是，所添加的影子效果要符合光学原理和透视原理。在影子接近物体的位置颜色最深、最实，距离越远颜色越浅且越虚，这样才能使得画面呈现出一定的空间感和层次感。以下给出的两组图像中，图 3-463 和图 3-465 所示为单独抠取的对象，图 3-464 和图 3-466 所示是为其添加影子后的图像效果。

图 3-463　瓶子　图 3-464　添加影子后的效果　　　图 3-465　人物　　　图 3-466　添加影子后的效果

3.9.1　添加倒影和投影

根据图 3-464 中瓶子的影子效果，添加倒影和投影的具体操作方法及步骤如下。

第 1 步：打开需要添加倒影和投影的图像

打开 Photoshop，选择"文件"→"打开"命令，弹出"打开"对话框，或按〈Ctrl+O〉组合键，打开从网盘下载的"Photoshop 图形图像处理实用教程图像库\第 3 章\图像添加影子（瓶子）.jpg"文件，图像窗口显示如图 3-467 所示。

图 3-467　图像文件窗口显示

第 2 步：抠取瓶子

在工具箱中选择"钢笔"工具 ，利用前面介绍的方法，使用该工具抠取瓶子。之后再分离瓶子与白色背景，抠取瓶子后的图像效果及"图层"面板显示如图 3-468 所示。（**小知识 9：使用钢笔工具绘制路径**）

第 3 步：添加倒影

在"图层"面板中选中"图层 1"图层，按〈Ctrl+J〉组合键，以复制"图层 1"（瓶子）图层内容，此时在"图层"面板中将多出一个名为"图层 1 拷贝"的图层，如图 3-469 所示。（**小知识 13：复制图层**）

图 3-468　图像效果及"图层"面板　　　　　　　图 3-469　"图层"面板

在"图层"面板中选中"图层 1 拷贝"图层，选择"图像"→"调整"→"去色"命令，如图 3-470 所示，或按〈Shift+Ctrl+U〉组合键，完成"图层 1 拷贝"图层中的彩色瓶子的去色。瓶子去色后的图像效果及"图层"面板显示如图 3-471 所示。

图 3-470　选择"去色"命令　　　　　　　图 3-471　图像效果及"图层"面板

检查并确保"图层 1 拷贝"图层处于选中状态，按〈Ctrl+T〉组合键，在瓶子四周将出现实线边框，效果如图 3-472 所示。再将光标移动到图像上并右击，在弹出的快捷菜单中选择"垂直翻转"命令，如图 3-473 所示。瓶子会以中心点为对称中心发生垂直翻转，效果如图 3-474 所示。

在工具箱中选择"移动"工具，将光标移动到实线边框以内。在此需要特别注意的是，不要将光标放到中心点上，若放到中心点上，将会移动中心点的位置。再按住鼠标左键和〈Shift〉键不放，向下拖动光标，实现去色瓶子沿着垂直方向向下移动。将去色后的瓶子移动到如图 3-475 所示的位置后，释放〈Shift〉键和鼠标左键。

图 3-472　实线边框　　　图 3-473　选择"垂直翻转"命令　　　图 3-474　瓶子垂直翻转变化

移动完瓶子位置后，将光标放到图像上并右击，在弹出的快捷菜单中选择"变形"命令，如图 3-476 所示，实线边框变成了网格，如图 3-477 所示。

图 3-475　移动瓶子位置　　　图 3-476　选择"变形"命令　　　图 3-477　网格

将光标移动到如图 3-478 所标注的两个网格点上，分别按住鼠标左键不放，向下拖动光标，完成网格的变形，释放鼠标左键，其变形过程如图 3-479 和图 3-480 所示。最后按〈Enter〉键，确认变化后的图像，效果如图 3-481 所示。

再次在工具箱中选择"移动"工具，将光标移动到变形后的瓶子上，按住鼠标左键和〈Shift〉键不放，向上拖动光标，实现瓶子沿垂直方向向上移动。也可以按〈↑〉〈↓〉〈←〉和〈→〉键，小幅度移动图像，移动瓶子位置后的图像如图 3-482 所示。

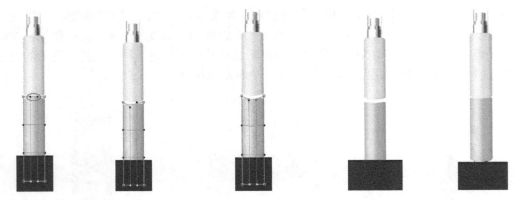

图 3-478 标注　图 3-479 变形过程 1　图 3-480 变形过程 2　图 3-481 图像效果　图 3-482 移动瓶子位置

　　检查并确保"图层 1 拷贝"图层处于选中状态，单击"图层"面板下方的"添加图层蒙版"按钮，如图 3-483 所示，此时在"图层缩览图"右侧将多出一个白色的"图层蒙版缩览图"，效果如图 3-484 所示。

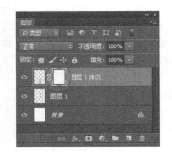

图 3-483　单击"添加图层蒙版"按钮　　　　　图 3-484　"图层"面板

小知识 42：渐变工具

　　"渐变"工具在工具箱中的位置如图 3-485 所示。使用此工具可以在整个文档、选区、蒙版和通道上添加渐变效果，并且可以创建多种样式的渐变颜色效果，如图 3-486 所示。

图 3-485　"渐变"工具在工具箱中的位置　　　　　图 3-486　多种渐变效果

1. 选项栏介绍

对"渐变"工具的属性预设是在选项栏中进行的，其选项栏如图 3-487 所示，包括渐变色彩、类型、模式及不透明度等信息的设置。

图 3-487 "渐变"工具选项栏

2. 渐变编辑器

单击"渐变"工具选项栏中的"渐变色彩"按钮，位置如图 3-488，打开"渐变编辑器"窗口，如图 3-489 所示。若直接单击右侧的"小三角"按钮，位置如图 3-490 所示，则打开如图 3-491 所示的面板，在其中可以选择更多渐变色彩。

图 3-488 "渐变色彩"按钮标注

图 3-489 "渐变编辑器"窗口

图 3-490 "小三角"按钮位置标注

图 3-491 渐变选择面板

渐变色彩的设置或创建主要是在"渐变编辑器"窗口中预设的，如图 3-492 所标注的"1"处区域是软件默认的渐变预设色彩。将光标移动到每一种渐变色彩缩览图上并单击，即可选择一种软件默认预设好的渐变。选择不同的渐变色彩，"4"处区域的色彩编辑区也会跟着产生相应的变化；若单击"2"处的"小梅花"图标，则打开如图 3-493 所示的选项菜单，在其中可以选择添加软件自带的协调色、金属和蜡笔色等渐变色彩效果；"3"处区域的渐变类型可以选择"实底"或"杂色"；"4"处区域是渐变色彩编辑区，在此区域中可预设渐变颜色。

图 3-492 "渐变编辑器"窗口　　　　　　　　　　图 3-493 选项菜单

3. 渐变色彩的修改

第一步，单击如图 3-494 所标注的色标滑块，之后"颜色"和"位置"选项将被激活，此时的文字由灰色变成黑色，如图 3-495 所示。第二步，将光标移动到"颜色"位置，标注如图 3-496 所示，单击以弹出"拾色器（色标颜色）"对话框，如图 3-497 所示。将光标移动到色彩区域，单击拾取颜色，修改后的颜色如图 3-498 所示，最后单击"确定"按钮，渐变色彩产生变化，效果如图 3-499 所示。

图 3-494 色标滑块位置标注

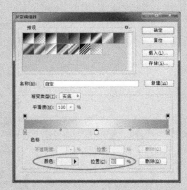

图 3-495 激活"颜色"和"位置"选项

图 3-496 "颜色"位置标注

图 3-497 "拾色器（色标颜色）"对话框

图 3-498　拾取颜色

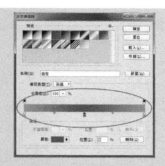

图 3-499　渐变色彩变化

4. 渐变色彩位置或比例调整

　　若想调整色彩的位置或比例，将光标移动到如图 3-500 所标注的几个滑块位置上，按住鼠标左键不放，向左或向右拖动滑块实现色彩位置的移动和比例调正，如图 3-501 所示。

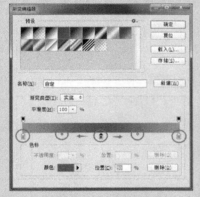

图 3-500　滑块位置标注

图 3-501　渐变效果

5. 渐变色彩的添加或删除

　　若想在渐变色上添加其他色彩，在如图 3-502 所标注的位置单击，即可添加色标，之后单击所添加的色标，修改其颜色，如图 3-503 所示。若想在渐变色上删除颜色，在如图 3-504 所标注的色标上按住鼠标左键不放，快速向下拖曳鼠标，之后释放鼠标左键，即可完成色彩的删除。或选中将要删除的色标，单击"删除"按钮，标注如图 3-504 所示，删除颜色后的渐变效果如图 3-505 所示。

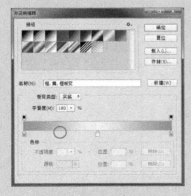

图 3-502　位置标注

图 3-503　添加颜色色标

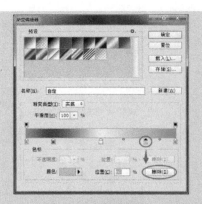

图 3-504　位置标注

图 3-505　删除颜色后的渐变效果

6. 渐变色彩不透明度调整

　　若想修改色彩的不透明度，在如图 3-506 所标注的位置单击，之后"不透明度"和"位置"选项将被激活，此时的文字由灰色变成黑色，变化如图 3-507 所示，之后修改颜色的"不透明度"数值即可。

图 3-506　位置标注

图 3-507　激活"不透明度"和"位置"选项

　　在"渐变编辑器"窗口中，选择"杂色"渐变类型时，其编辑面板如图 3-508 所示。在这其中预设渐变的粗糙度数值，选择颜色模型，并可以通过向左或向右拖动色标滑块位置来调节渐变色彩。

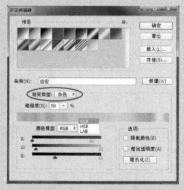

图 3-508　"渐变编辑器"窗口

7. 渐变样式类型

渐变的类型有 5 种，分别是线性渐变、径向渐变、角度渐变、对称渐变和菱形渐变。位置如图 3-509 所示，每种渐变所呈现出来的效果如图 3-510 所示。

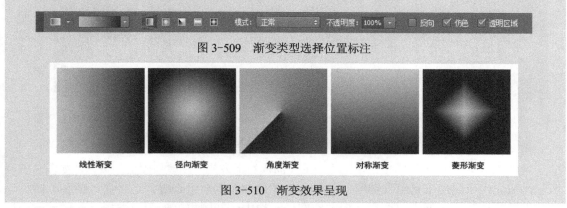

图 3-509　渐变类型选择位置标注

线性渐变　　径向渐变　　角度渐变　　对称渐变　　菱形渐变

图 3-510　渐变效果呈现

检查并确保"图层 1 拷贝"图层处于选中状态，单击"图层"面板下方的"添加图层蒙版"按钮，如图 3-511 所示，此时在"图层缩览图"右侧将多出一个白色的"图层蒙版缩览图"，选中该缩览图，如图 3-512 所示。(小知识 37：图层蒙版)

图 3-511　单击"添加图层蒙版"按钮

图 3-512　选中"图层蒙版缩览图"

在工具箱中将前景色的颜色设置为黑色，将背景色的颜色设置为白色，选择"渐变"工具，在其选项栏中预设此工具，将渐变色的颜色设置为黑白，将渐变类型设置为"线性渐变"，将"模式"设置为"正常"，将"不透明度"设置为 100%，如图 3-513 所示。(小知识17：前景色与背景色)(小知识 42：渐变工具)

图 3-513　"渐变"工具选项栏预设

在此需要特别注意的是，工具箱中默认的前景色为黑色，背景色为白色。按〈D〉键，可以复位到默认的前景色与背景色的颜色；按〈X〉键，可交换前景色与背景色的颜色。

检查并确保"图层 1 拷贝"图层的"图层蒙版"处于选中状态，如图 3-514 所示。将光标移动到瓶子的倒影下方，位置如图 3-515 所示，按住〈Shift〉键和鼠标左键不放，用"渐变"工具沿着垂直方向向上拖曳鼠标，之后释放〈Shift〉键和鼠标左键，此时的图像效果及"图层"面板如图 3-516 所示。(小知识 37：图层蒙版)

图 3-514　选中"图层蒙版"　　图 3-515　倒影区域位置标注　　图 3-516　图像效果及"图层"面板

第 4 步：添加投影

选中"图层 1 拷贝"图层，单击"图层"面板右下方的"创建新图层"按钮，如图 3-517 所示，或选中"图层 1 拷贝"图层，按〈Shift+Ctrl+Alt+N〉组合键，之后在"图层 1 拷贝"图层上方将出现一个名为"图层 2"的空图层，选中该新图层，如图 3-518 所示。（**小知识 10：创建普通图层**）

图 3-517　单击"创建新图层"按钮　　　　　图 3-518　"图层"面板

在工具箱中确保前景色颜色为黑色，选择"画笔"工具，在其选项栏中预设此工具，选择边缘虚化柔和的画笔笔刷，设置"大小"为"250 像素"，设置"不透明度"和"流量"均为 100%，如图 3-519 所示。（**小知识 17：前景色与背景色**）（**小知识 25：画笔工具**）

绘制黑色虚点。将光标移动到瓶子与倒影的交界处，如图 3-520 所示，使用"画笔"工具在该区域单击，绘制出一个大的黑色虚点，效果如图 3-521 所示。

图 3-519　"画笔"工具选项栏预设

变化虚点形状。按〈Ctrl+T〉组合键，在虚点四周将出现实线边框，将光标移动到实线边框上下两条边的中间点上，位置如图 3-522 所示。按住鼠标左键不放，沿着垂直方向向上拖曳鼠标，此时虚点形状产生变化，释放鼠标左键，如图 3-523 所示。

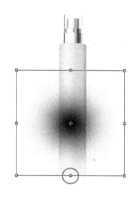

图 3-520　位置标注　　　　图 3-521　绘制黑色虚点　　　　图 3-522　位置标注

在工具箱中选择"移动"工具 ，将光标移动到实线边框以内，按住鼠标左键不放，向下拖曳鼠标以移动虚点位置，位置如图 3-524 所示。最后按〈Enter〉键，确认投影的形状及位置变化，实线边框取消，效果如图 3-525 所示。

图 3-523　虚点形状变化效果　　　图 3-524　位置移动　　　图 3-525　图像效果

第 5 步：调整图层顺序

在"图层"面板中选中"图层 1"（彩色瓶子）图层，按住鼠标左键不放，将其拖曳到最顶层，将彩色瓶子放到倒影和投影上面，释放鼠标左键，如图 3-526 和图 3-527 所示，最终的图像效果及"图层"面板如图 3-528 所示。（**小知识 12：移动图层顺序**）

图 3-526　操作示意图　　图 3-527　移动图层顺序　图 3-528　最终图像效果及"图层"面板

第 6 步：保存图像文件

选择"文件"→"存储为"命令，或按〈Ctrl+Shift+S〉组合键，弹出"另存为"对话框，选择存储路径并命名文件，将文件的保存类型设置为 PSD 格式，以方便后期编辑，单击"保存"按钮，完成存储操作。

3.9.2 添加折影

根据图 3-466 中人物的影子效果，添加折影的具体操作方法及步骤如下。

第 1 步：打开需要添加折影的图像文件

打开 Photoshop，选择"文件"→"打开"命令，弹出"打开"对话框，或按〈Ctrl+O〉组合键，打开从网盘下载的"Photoshop 图形图像处理实用教程图像库\第 3 章\图像添加影子练习（人物）.psd"分层文件，图像窗口显示如图 3-529 所示。

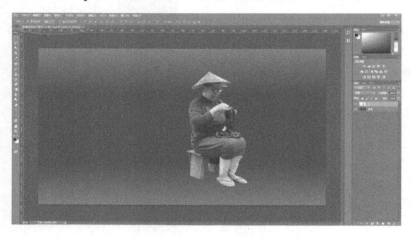

图 3-529　图像文件窗口显示

第 2 步：添加折影

在"图层"面板中选中"背景"图层，如图 3-530 所示，按〈Shift+Ctrl+Alt+N〉组合键，之后在"背景"图层上方将出现一个名为"图层 1"的空图层，并选中该图层，如图 3-531 所示。（**小知识 10：创建普通图层**）

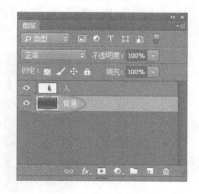

图 3-530　选中"背景"图层

图 3-531　"图层"面板

在工具箱中选择"套索"工具 ，在其选项栏中进行预设，将"羽化"值设置为"2 像素"，以柔化边缘，如图 3-532 所示。将光标移动到图像区域，按住鼠标左键不放，用"套索"工具绘制出如图 3-533 所示的选区，释放鼠标左键。（**小知识 18：套索工具**）

图 3-532 "套索"工具选项栏预设

先按〈D〉键，复位默认的前景色与背景色颜色，工具箱中默认的前景色为黑色，背景色为白色，如图 3-534 所示。再按〈Alt+Delete〉组合键，在选区中填充前景色黑色，填充后的选区效果如图 3-535 所示。最后按〈Ctrl+D〉组合键或选择"选择"→"取消选择"命令，取消虚线选区，效果如图 3-536 所示。（**小知识 17：前景色与背景色**）

图 3-533 绘制选区效果　　图 3-534 复位前景色与背景色　　图 3-535 填充前景色效果

检查并确保"图层 1"图层处于选中状态，选择"滤镜"→"模糊"→"高斯模糊"命令，如图 3-537 所示，弹出"高斯模糊"对话框，将"半径"设置为 36，数值的大小，用户可以根据画面模糊情况自行设定，之后单击右上方的"确定"按钮，如图 3-538 所示，效果如图 3-539 所示。

图 3-536 取消虚线选区后的效果

图 3-537 选择"高斯模糊"命令

用相同的方法再执行两次"滤镜"→"模糊"→"高斯模糊"命令，过程如图 3-540 和图 3-541 所示。在此需要特别注意的是，影子的模糊程度可根据实际情况调整。

图 3-538 "高斯模糊"对话框

图 3-539 图像效果

图 3-540 过程 1

图 3-541 过程 2

在工具箱中选择"橡皮擦"工具，在其选项栏中对此工具进行预设，选择边缘柔和的橡皮擦，并调节"不透明度"和"流量"，如图 3-542 所示。之后将光标移动到影子边缘，按住鼠标左键不放进行涂抹，虚化边缘，效果如图 3-543 所示。（**小知识 16：橡皮擦工具**）

图 3-542 "橡皮擦"工具选项栏预设

图 3-543 图像效果

丰富影子层次。在"图层"面板中选中"图层 1"图层，按〈Shift+Ctrl+Alt+N〉组合键，在"图层 1"图层上方将出现一个名为"图层 2"的新图层，选中图层，如图 3-544 所示。用以上相同的操作方法，在新的图层中绘制选区、填充选区、取消选区、高斯模糊元素内容，以及擦拭影子柔化边缘，其过程如图 3-545～图 3-549 所示。最终的图像效果如图 3-550 所示。

图 3-544 创建新图层

图 3-545 绘制选区

图 3-546 填充选区

图 3-547　取消选区

图 3-548　高斯模糊元素内容

图 3-549　擦拭柔化边缘

图 3-550　最终的图像效果

第 3 步：保存添加影子后的图像

选择"文件"→"存储为"命令，或按〈Ctrl+Shift+S〉组合键，弹出"另存为"对话框，选择存储路径并命名文件，将文件的保存类型设置为 PSD 格式，以方便后期编辑，单击"保存"按钮，完成存储操作。

第4章 艺术表现及创作

本章的内容自主性和创造性较强，案例操作过程比较综合、全面。读者在理解并掌握案例后，还可以结合自身审美及思维方式展开其他艺术形式的创作，最终满足观赏者或读者自身的视觉需求和心理需求。

4.1 添加动感

导读：仅仅抓拍到精彩的运动镜头却没有拍出画面主体的动感效果，不免让人有些遗憾。此时可以用 Photoshop 中的"径向模糊"和"动感模糊"滤镜效果为照片添加动感，让静止的汽车运动起来或加快人物奔跑的速度等。以下给出的两组图像中，图 4-1 和图 4-3 所示为原图像，图 4-2 和图 4-4 所示为添加动感后的效果。

图 4-1 原图 1

图 4-2 添加动感后的效果 1

在图 4-1 中，汽车看上去是静止的，通过对轮胎和背景进行处理，汽车拥有了一定的速度，增强了整个画面的动感，如图 4-2 所示。在图 4-3 中，人物虽是运动的，但整体看上去跑步速度较慢，通过处理背景，可以增强速度感，如图 4-4 所示。

图 4-3 原图 2

图 4-4 添加动感后的效果 2

根据图4-2画面中呈现出的动感效果，为图像添加动感的具体操作方法及步骤如下。

第1步：打开需要增加动感的图像

打开 Photoshop，选择"文件"→"打开"命令，弹出"打开"对话框，或按〈Ctrl+O〉组合键，打开从网盘下载的"Photoshop 图形图像处理实用教程图像库\第 4 章\图像动感处理练习（汽车）.jpg"文件，图像窗口显示如图4-5所示。

图 4-5　图像文件窗口显示

第2步：将"背景"图层转换为普通图层

在"图层"面板中选中"背景"图层，如图 4-6 所示，按住〈Alt〉键不放，双击"背景"图层，之后释放〈Alt〉键，"背景"图层将直接转换为普通图层，转换后的"图层"面板如图 4-7 所示，此时的图层名称变为"图层 0"。（**小知识 5："背景"图层转换为普通图层**）

图 4-6　"背景"图层

图 4-7　普通图层

第3步：复制图层

在"图层"面板中选中"图层 0"图层，按住鼠标左键不放将"图层 0"图层拖曳到"图层"面板右下方的"创建新图层"按钮上，操作示意图如图 4-8 所示，释放鼠标左键。或按〈Ctrl+J〉组合键，复制"图层 0"图层，复制后的图层名称为"图层 0 拷贝"，此时的"图层"面板如图 4-9 所示。在这里复制图层的目的是方便在后期进行对比。（**小知识 13：复制图层**）

图 4-8　操作示意图　　　　　　　　　　　图 4-9　"图层"面板

第 4 步：抠取汽车

在"图层"面板中选中"图层 0 拷贝"图层，在工具箱中选择"钢笔"工具![钢笔图标]，在其选项栏中对其进行预设，选择绘制"路径"，如图 4-10 所示。（**小知识 9：使用钢笔工具绘制路径**）

图 4-10　"钢笔"工具选项栏预设

使用钢笔工具绘制路径。将光标移动到汽车边缘，使用"钢笔"工具，配合〈Alt〉键绘制汽车轮廓闭合路径。在绘制路径的过程中可以不断按〈Ctrl++〉组合键放大图像或按〈Ctrl+-〉组合键缩小图像，方便精细绘制路径。路径绘制过程如图 4-11 所示，最终的闭合路径效果如图 4-12 所示。

图 4-11　路径绘制过程

图 4-12　最终的闭合路径效果

将路径转换为选区。绘制完汽车轮廓路径后，将光标移动到图像上并右击，在弹出的快捷菜单中选择"建立选区"命令，如图 4-13 所示，弹出"建立选区"对话框，单击"确定"按钮，如图 4-14 所示，此时所绘制的路径就变成了虚线选区，效果如图 4-15 所示。在此需要特别注意的是，路径变为选区的快捷操作是：在绘制完汽车轮廓路径后，将光标移动到图像上，按〈Ctrl+Enter〉组合键，路径就会变成选区。

图 4-13　选择"建立选区"命令

图 4-14　"建立选区"对话框

复制选区内容。将路径转换为选区后，检查并确保"图层 0 拷贝"图层处于选中状态，如 图 4-16 所示。按〈Ctrl+J〉组合键，复制选区内容（汽车），虚线选区消失，"图层"面板中将多出一个名为"图层 1"的图层，如图 4-17 所示。

图 4-15　选区效果

图 4-16　图像效果及"图层"面板

图 4-17　图像效果及"图层"面板

第 5 步：背景动感模糊处理

在"图层"面板中选中"图层 0 拷贝"图层，如图 4-18 所示。选择"滤镜"→"模糊"→"动感模糊"命令，如图 4-19 所示，弹出"动感模糊"对话框，设置"角度"为 -20°，"距离"为 15 像素，如图 4-20 所示，用户可以根据个人情况自行设置参数，单击"确定"按钮。为图像添加完"动感模糊"滤镜后的效果如图 4-21 所示。

图 4-18　选中"图层 0 拷贝"图层

图 4-19　选择"动感模糊"命令

图4-20 "动感模糊"对话框

图4-21 图像效果

第6步：模糊汽车边缘

在"图层"面板中选中"图层 1"（汽车）图层，在工具箱中选择"模糊"工具 🌢，并在其选项栏中进行预设，如图4-22所示。（**小知识38：模糊工具**）

将光标移动到图像中的汽车边缘，按住鼠标左键不放，在汽车边缘拖曳鼠标涂抹或擦拭，使"图层 1"图层中的汽车更好地与背景融合，模糊汽车边缘后的效果如图4-23所示。

图4-22 "模糊"工具选项栏预设

图4-23 汽车边缘模糊后的效果

第7步：为前车轮添加动感

在"图层"面板中选中"图层 1"（汽车）图层，用之前预设好的"钢笔"工具绘制出前车轮轮廓闭合路径，如图4-24所示。将光标移动到图像上并右击，在弹出的快捷菜单中选择"建立选区"命令，如图4-25所示，接着弹出"建立选区"对话框，单击"确定"按钮，如图4-26所示，此时绘制的路径就变成了选区，效果如图4-27所示。（**小知识9：使用钢笔工具绘制路径**）

图4-24 前车轮轮廓闭合路径

图4-25 选择"建立选区"命令

图 4-26 "建立选区"对话框

图 4-27 路径变成选区后图像效果

检查并确保"图层 1"图层处于选中状态，如图 4-28 所示，按〈Ctrl+J〉组合键，复制选区（前车轮）内容，画面中的虚线选区消失。此时"图层"面板中将多出一个名为"图层 2"的图层，如图 4-29 所示。

图 4-28 选中"图层 1"图层

图 4-29 "图层"面板

选中"图层 2"图层，按住〈Ctrl〉键不放，单击"图层 2"图层左侧的缩览图，位置标注如图 4-30 所示。之后释放〈Ctrl〉键，图像中再次出现前车轮选区，效果如图 4-31 所示。

图 4-30 缩览图位置标注

图 4-31 前车轮选区效果

检查并确保"图层 2"图层处于选中状态，选择"滤镜"→"模糊"→"径向模糊"命令，如图 4-32 所示，弹出"径向模糊"对话框，将"数量"设置为 20（可以根据画面情况自行设定数值的大小），将"模糊方法"设置为"旋转"，将"模糊品质"设置为"最好"，如图 4-33 所示。单击"确定"按钮，效果如图 4-34 所示。按〈Ctrl+D〉组合键或选择"选择"→"取消选择"命令，取消前车轮选区，如图 4-35 所示。

图 4-32 选择"径向模糊"命令

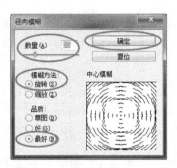

图 4-33 "径向模糊"对话框

图 4-34 车轮动感效果

图 4-35 取消选区后的车轮效果

检查并确保"图层 2"图层处于选中状态，在工具箱中选择之前预设好的"模糊"工具，将光标移动到前车轮边缘，按住鼠标左键不放，拖曳鼠标进行涂抹或擦拭，使之更好地与背景吻合。图像整体动感效果及"图层"面板如图 4-36 所示。（**小知识 38：模糊工具**）

图 4-36 整体图像动感效果及"图层"面板

第 8 步：为后车轮添加动感

重复以上操作，处理汽车后车轮。最终的图像动感效果及"图层"面板如图 4-37 所示。

第 9 步：保存添加动感效果后的图像

选择"文件"→"存储为"命令，或按〈Ctrl+Shift+S〉组合键，弹出"另存为"对话

框，选择存储路径并命名文件，将文件的保存类型设置为 PSD 格式，以方便后期编辑，单击"保存"按钮，完成存储操作。

图 4-37　整体的图像动感效果及"图层"面板

4.2　艺术风格化表现

　　导读：拍摄的数字图像，有时还可以用 Photoshop 对其进行艺术效果及艺术形式的创作。例如，把图像处理成油画效果、素描效果、浮雕效果、绘图笔效果、拼贴效果或水彩效果等，以此来丰富画面的呈现形式，满足观赏者的视觉感受需求和创作者的创新需求。

　　图像的艺术风格化表现操作方法简单易学，以下给出的图像中，图 4-38 所示为原图，图 4-39～图 4-45 所示为经过艺术风格化处理后的图像效果。

　图 4-38　原图　　　　　图 4-39　拼贴图效果　　　图 4-40　染色玻璃效果　　　图 4-41　油画效果

图 4-42　彩色艺术创作图效果　　图 4-43　点状图效果　　　图 4-44　黑白效果　　　图 4-45　绘图笔效果

4.2.1 使用"滤镜"效果

使用"滤镜"效果对图像进行艺术风格化处理的具体操作方法及步骤如下。

第1步：打开需要艺术风格化处理的图像

打开 Photoshop，选择"文件"→"打开"命令，弹出"打开"对话框，或按〈Ctrl+O〉组合键，打开从网盘下载的"Photoshop 图形图像处理实用教程图像库\第 4 章\图像的艺术风格化表现练习.jpg"文件，图像窗口显示如图 4-46 所示。

图 4-46 图像文件窗口显示

第2步：复制"背景"图层

在"图层"面板中选中"背景"图层，按住鼠标左键不放，将"背景"图层拖曳到"图层"面板右下方的"创建新图层"按钮上，如图 4-47 所示，之后释放鼠标左键。或按〈Ctrl+J〉组合键，复制"背景"图层，复制后的图层名称为"图层 1"，如图 4-48 所示。在这里复制图层的目的是方便在后期进行对比。（**小知识 13：复制图层**）

图 4-47 "创建新图层"按钮位置标注

图 4-48 复制"背景"图层

第3步：图像艺术风格化处理

在"图层"面板中选中"图层 1"图层，选择"滤镜"→"滤镜库"命令，如图 4-49 所示，弹出"滤镜库"对话框，如图 4-50 所示。

在如图 4-50 所标注的位置，选择相应的"滤镜"效果，并根据图像预览合理设置参数，以调节图像效果，最后单击"确定"按钮，完成图像的多种艺术风格化处理。在此以图 4-51 所示的拼贴图效果预设、图 4-52 所示的便条纸效果预设（此效果与前景色和背景色的色彩相关）、图 4-53 所示的染色玻璃效果预设（此效果与前景色和背景色的色彩相关）和图 4-54 所示的照亮边缘效果预设为例，最后通过显隐"图层 1"图层来对比前后变化效果。

图 4-49　选择"滤镜库"命令

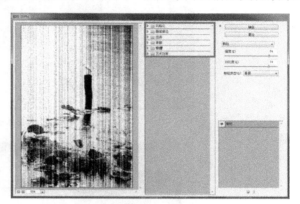

图 4-50　"滤镜库"对话框（颗粒）

图 4-51　拼贴图效果预设

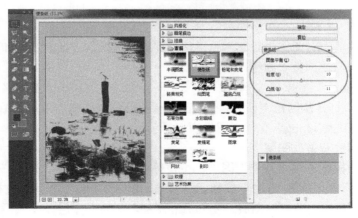

图 4-52　便条纸效果预设

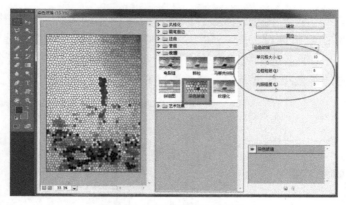

图 4-53 染色玻璃效果预设

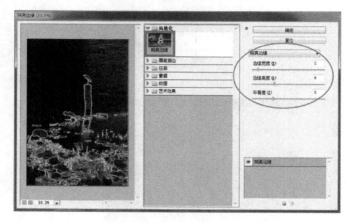

图 4-54 照亮边缘效果预设

第 4 步：保存图像

选择"文件"→"存储为"命令，或按〈Ctrl+Shift+S〉组合键，弹出"另存为"对话框，选择存储路径并命名文件，将文件的保存类型设置为 JPEG 格式，单击"保存"按钮，完成存储操作。

4.2.2 调整图像"阈值"

通过调整"阈值"对图像进行艺术风格化处理的具体操作方法及步骤如下。

第 1 步：打开需要调整"阈值"的图像

打开 Photoshop，选择"文件"→"打开"命令，弹出"打开"对话框，或按〈Ctrl+O〉组合键，打开从网盘下载的"Photoshop 图形图像处理实用教程图像库\第 4 章\图像的艺术风格化表现练习.jpg"文件，图像窗口显示如图 4-46 所示。

第 2 步：复制"背景"图层

在"图层"面板中选中"背景"图层，按住鼠标左键不放，将"背景"图层拖曳到"图层"面板右下方的"创建新图层"按钮上，如图 4-55 所示，之后释放鼠标左键。或按〈Ctrl+J〉组合键，复制"背景"图层，复制后的图层名称为"图层 1"，如图 4-56 所示，在这里复制图层的目的是方便在后期进行对比。（**小知识 13：复制图层**）

图 4-55 "创建新图层"按钮位置标注

图 4-56 复制"背景"图层

第 3 步：图像艺术风格化处理

小知识 43：阈值

使用"阈值"命令可以删除图像中的色彩信息，将图像转化为只有黑白两种颜色的图像。

操作方法如下。

先在"图层"面板中选中内容所在的图层，之后选择"图像"→"调整"→"阈值"命令，如图 4-57 所示，弹出"阈值"对话框，如图 4-58 所示。在其中直接输入"阈值色阶"的数值或通过滑动直方图下面的小滑块调整数值，最后单击"确定"按钮，完成图像的黑白效果处理。"阈值色阶"的数值越大，图像中黑色部分就越多；数值越小，黑色部分就越少，呈现效果对比如图 4-59 和图 4-60 所示。

图 4-57 选择"阈值"命令

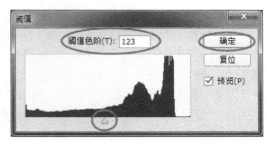

图 4-58 "阈值"对话框

图 4-59 阈值色阶为 50 时的图像呈现效果

图 4-60 阈值色阶为 150 时的图像呈现效果

在"图层"面板中选中"图层 1"图层，选择"图像"→"调整"→"阈值"命令，弹出"阈值"对话框，在其中直接输入"阈值色阶"的数值或通过滑动直方图下面的小滑块调整数值，最后单击"确定"按钮，完成图像的黑白效果处理。"阈值色阶"数值的大小没有固定参数，用户可根据图像情况自行设置，在此预设如图 4-61 所示，最终的图像效果如图 4-62 所示。（小知识 43：阈值）

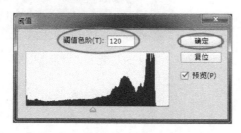
图 4-61　设置"阈值"对话框

图 4-62　调整"阈值"后的图像效果

第 4 步：保存图像

选择"文件"→"存储为"命令，或按〈Ctrl+Shift+S〉组合键，弹出"另存为"对话框，选择存储路径并命名文件，将文件的保存类型设置为 JPEG 格式，单击"保存"按钮，完成存储操作。

4.2.3　通过转换"色彩模式"

通过转换"色彩模式"对图像进行艺术风格化处理的具体操作方法及步骤如下。

第 1 步：打开需要转换"色彩模式"的图像

打开 Photoshop，选择"文件"→"打开"命令，弹出"打开"对话框，或按〈Ctrl+O〉组合键，打开从网盘下载的"Photoshop 图形图像处理实用教程图像库\第 4 章\图像的艺术风格化表现练习.jpg"文件，图像窗口显示如图 4-46 所示。

第 2 步：将 RGB 色彩模式转化为灰度模式

在"图层"面板中选中"背景"图层，选择"图像"→"模式"→"灰度"命令，如图 4-63 所示，弹出"信息"对话框，单击"扔掉"按钮，以扔掉图像中的颜色信息，如图 4-64 所示，图像变换成黑白效果，如图 4-65 所示。

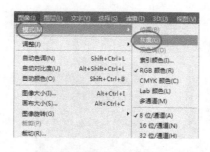
图 4-63　选择"灰度"命令

图 4-64　"信息"对话框

图 4-65　"灰度"模式图像效果

第 3 步：将灰度模式转换为位图模式

在"图层"面板中选中"背景"图层，选择"图像"→"模式"→"位图"命令，如图 4-66 所示，弹出"位图"对话框，如图 4-67 所示，在"方法"选项组中设置"使用"为"50%阈值""图案仿色""扩散仿色""半调网屏"或"自定图案"5 种方法中的一种，最后单击"确定"按钮，如图 4-68 所示。

图 4-66　选择"位图"命令

图 4-67　"位图"对话框

当选择使用"50%阈值"方法时，单击"确定"按钮后的图像效果如图 4-69 所示；选择使用"图案仿色"方法时，效果如图 4-70 所示；选择使用"扩散仿色"方法时，效果如图 4-71 所示；选择使用"半调网屏"方法时，单击"确定"按钮后会弹出"半调网屏"对话框，可在其中设置"频率""角度"和"形状"等信息，"频率""角度"和"形状"预设的参数不同，图像所产生的效果不同，在此设置如图 4-72 所示，最后单击"确定"按钮，完成图像的艺术化处理，效果如图 4-73 所示；当选择使用"自定图案"方法时，图像会根据所选择的图案形状产生相应的变化，图案在此设置如图 4-74 所示，图像的呈现效果如图 4-75 所示。

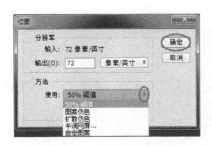

图 4-68　使用方法

图 4-69　"50%阈值"效果

图 4-70　"图案仿色"效果

图 4-71　"扩散仿色"效果

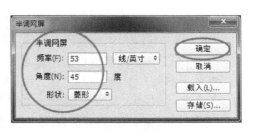

图 4-72　"半调网屏"对话框

图 4-73 "半调网屏"效果　　　　图 4-74 自定图案设置　　　　图 4-75 "自定图案"效果

第 4 步：保存图像

选择"文件"→"存储为"命令，或按〈Ctrl+Shift+S〉组合键，弹出"另存为"对话框，选择存储路径并命名文件，将文件的保存类型设置为 JPEG 格式，单击"保存"按钮，完成存储操作。

4.3　人像撕脸艺术效果

导读： 本节将来学习人像撕脸艺术效果创作，在巩固前面所学的知识的同时，进一步提升读者自身的创作意识及对图像创作的兴趣爱好。在学习本节内容之前，先来了解一下撕脸效果的呈现形式，从而对将要学习的内容有一个大致了解。以下给出的图像中，图 4-76 所示为人物原图，图 4-77 所示为撕脸艺术效果图像。在学习本案例的过程中，应理解每个操作步骤的操作原理，灵活运用，融会贯通。

图 4-76　原图　　　　　　　　　　　　图 4-77　撕脸艺术效果

根据图 4-77 中的画面情况，人像撕脸艺术效果创作的具体操作方法及步骤如下。

第 1 步：打开图像

打开 Photoshop，选择"文件"→"打开"命令，弹出"打开"对话框，或按〈Ctrl+O〉组合键，打开从网盘下载的"Photoshop 图形图像处理实用教程图像库\第 4 章\人像撕脸效果练习.jpg"文件，图像窗口显示如图 4-78 所示。

第 2 步：复制"背景"图层

在"图层"面板中选中"背景"图层，按住鼠标左键不放将"背景"图层拖曳到"图层"面板右下方的"创建新图层"按钮上，如图 4-79 所示，之后释放鼠标左键。或按〈Ctrl+J〉组合键，复制"背景"图层，复制后的图层名称为"图层 1"，如图 4-80 所示。（小

知识 13: 复制图层)

图 4-78　图像文件窗口显示

图 4-79　"创建新图层"按钮位置标注

图 4-80　复制"背景"图层

第 3 步：图像去色

在"图层"面板中选中"图层 1"图层，选择"图像"→"调整"→"去色"命令，如图 4-81 所示，或按〈Shift+Ctrl+U〉组合键，将"图层 1"中的图像内容去色，效果如图 4-82 所示。

图 4-81　选择"去色"命令

图 4-82　图像去色效果及"图层"面板

第 4 步：在面部绘制撕除部分选区

在工具箱中选择"套索"工具 ，将光标移动到图像中，按住鼠标左键不放，绘制出脸部撕除部分的选区，如图 4-83 所示，释放鼠标左键。（小知识 18：套索工具）

第 5 步：创作脸部彩色效果

检查并确保"图层"面板中的"图层 1"图层处于选中状态。选择"窗口"→"通道"命令，如图 4-84 所示，打开"通道"面板，如图 4-85 所示。

图 4-83　绘制脸部撕除部分选区

图 4-84　选择"通道"命令

单击"通道"面板右下方的"创建新通道"按钮，如图 4-86 所示，在"通道"面板中创建一个名为 Alpha 1 的新通道，如图 4-87 所示。（小知识 14：通道）

图 4-85　"通道"面板　　　图 4-86　单击"创建新通道"按钮　　　图 4-87　创建 Alpha 1 通道

在"通道"面板中选中 Alpha 1 通道，在工具箱中将前景色设置为黑色，如图 4-88 所示，按〈Alt+Delete〉组合键，在 Alpha 1 通道中填充黑色，效果如图 4-89 所示。（小知识 17：前景色与背景色）

图 4-88　前景色预设

图 4-89　在 Alpha 1 通道中填充黑色

选择"选择"→"取消选择"命令，如图 4-90 所示，或按〈Ctrl+D〉组合键，取消虚线选区，效果如图 4-91 所示。

图 4-90　选择"取消选择"命令

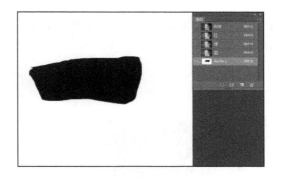

图 4-91　取消虚线选区后的图像效果

检查并确保 Alpha 1 通道为选中状态，选择"滤镜"→"滤镜库"命令，如图 4-92 所示，弹出"滤镜库"对话框，在其中选择"喷溅"滤镜效果并设置"喷色半径"和"平滑度"参数，如图 4-93 所示。最后单击"确定"按钮，此时的图像效果如图 4-94 所示。

图 4-92　选择"滤镜库"命令

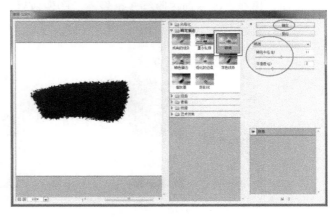

图 4-93　设置"喷溅"滤镜

选择"选择"→"载入选区"命令，如图 4-95 所示，弹出"载入选区"对话框，单击"确定"按钮，如图 4-96 所示，将在图像中的黑色区域边缘生成虚线选区，效果如图 4-97 所示。

图 4-94　图像效果　　　　图 4-95　选择"载入选区"命令　　　　图 4-96　"载入选区"对话框

在"通道"面板中再次单击"创建新通道"按钮，在 Alpha 1 通道下方将出现一个名为 Alpha 2 的新通道，此时的图像效果和"通道"面板如图 4-98 所示。（**小知识 14：通道**）

图 4-97　黑色区域边缘虚线选区效果　　　　　　图 4-98　图像效果和"通道"面板

选中 Alpha 2 通道，选择"选择"→"修改"→"收缩"命令，如图 4-99 所示，弹出"收缩选区"对话框，在其中将"收缩量"设置为 3 像素，如图 4-100 所示，最后单击"确定"按钮，虚线选区将向内收缩 3 个像素，图像效果如图 4-101 所示。

图 4-99　选择"收缩"命令　　　　　　图 4-100　"收缩选区"对话框

检查并确保工具箱中的前景色为黑色，按〈Alt+Delete〉组合键，在 Alpha 2 通道中填充黑色，图像效果及"通道"面板如图 4-102 所示。（**小知识 17：前景色与背景色**）

图 4-101　收缩选区后的效果　　　　　　图 4-102　图像效果及"通道"面板

在"通道"面板中，将光标移动到 RGB 混合通道上并选中该通道，此时的图像效果和"通道"面板如图 4-103 所示。

图 4-103　选中"RGB"混合通道

返回到"图层"面板中，确保"图层 1"图层处于选中状态，按〈Delete〉键，删除虚线选区内的图像内容，图像效果如图 4-104 所示。

图 4-104　删除虚线选区内的图像内容后的效果

选择"选择"→"取消选择"命令，或按〈Ctrl+D〉组合键，取消虚线选区，取消选区后的图像效果如图 4-105 所示。

267

图 4-105　取消选区后的图像效果

第 6 步：创作边框效果

确保"图层 1"图层处于选中状态，单击"图层"面板右下方的"创建新图层"按钮，或按〈Shift+Ctrl+Alt+N〉组合键，在"图层 1"图层上方创建一个名为"图层 2"的空图层，选中该图层，如图 4-106 所示。（**小知识 10：创建普通图层**）

切换到"通道"面板中，按住〈Ctrl〉键不放，将光标移动到 Alpha 1 通道左侧的"通道缩览图"上并单击，再次在图像中生成 Alpha 1 通道内容元素的边缘选区，效果如图 4-107 所示。

图 4-106　创建新图层

图 4-107　Alpha 1 通道内容元素的边缘选区效果

再切换到"图层"面板中，确保"图层 2"图层处于选中状态，在工具箱中将前景色的颜色修改为白色，如图 4-108 所示。按〈Alt+Delete〉组合键，在"图层 2"图层中填充白色，此时的图像效果、"图层"面板及"通道"面板显示如图 4-109 所示。（**小知识 17：前景色与背景色**）

图 4-108　前景色预设

图 4-109　图像效果、"图层"面板及"通道"面板显示

切换到"通道"面板中，按住〈Ctrl〉键不放，将光标移动到 Alpha2 通道左侧的"通道缩览图"上并单击，图像中将生成 Alpha 2 通道内容元素边缘的选区，效果如图 4-110 所示。

图 4-110　Alpha 2 通道内容元素的边缘选区效果

返回到"图层"面板中，确保"图层 2"图层处于选中状态，按〈Delete〉键，在"图层 2"图层中的白色色块上删除当前选区内的内容，删除后的图像效果如 图 4-111 所示。

选择"选择"→"取消选择"命令，或按〈Ctrl+D〉组合键，取消虚线选区，此时的图像效果如图 4-112 所示。

图 4-111　图像效果

图 4-112　取消选区后的图像效果

在"图层"面板中确保"图层 2"图层处于选中状态，将该图层的"不透明度"设置为 50%，使白色边框更好地与图像吻合，此时的图像效果及"图层"面板显示如图 4-113 所示。

图 4-113　图像效果及"图层"面板

为边框添加投影效果。保持"图层 2"图层处于选中状态，单击"图层"面板左下方的"添加图层样式"按钮，如图 4-114 所示，在打开的下拉列表框中选择"投影"选项，如图 4-115 和图 4-116 所示。接着弹出"图层样式"对话框，在其中设置投影的"不透明度""角度""距离""扩展"和"大小"等参数，如图 4-117 所示，最后单击"确定"按钮，完成投影的添加。此时的图像效果及"图层"面板显示如图 4-118 所示。

图 4-114　单击"添加图层样式"按钮　　图 4-115　选择"投影"选项　　图 4-116　操作示意图

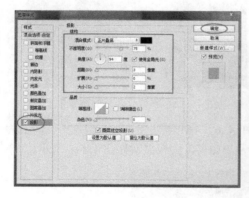

图 4-117　"图层样式"对话框　　　　　图 4-118　图像效果及"图层"面板

分离边框与投影。将光标移动到"图层 2"图层右侧的 fx 位置上，位置标注如图 4-119 所示，右击，在弹出的快捷菜单中选择"创建图层"命令，如图 4-120 所示，弹出如图 4-121 所示的提示对话框，单击"确定"按钮。可以看到此时的"图层 2"图层发生了变化，被分成两个图层，名称分别为"图层 2"和"'图层 2'的投影"，如图 4-122 所示。

图 4-119 位置标注   图 4-120 选择"创建图层"命令   图 4-121 提示对话框

调整投影位置。选中"'图层 2'的投影"图层，在工具箱中选择"套索"工具 ，将光标移动到图像中，按住鼠标左键不放绘制出如图 4-123 所示的选区，释放鼠标左键。（**小知识 18：套索工具**）

图 4-122 "图层"面板   图 4-123 绘制选区效果

在工具箱中选择"移动"工具 ，按〈↑〉键，轻微向上移动投影位置，如图 4-124 所示。

选择"选择"→"取消选择"命令，或按〈Ctrl+D〉组合键，取消虚线选区，效果如图 4-125 所示。

图 4-124 轻微向上移动投影位置   图 4-125 取消选区后的图像效果

用相同的操作方法，再处理左侧和右侧的投影，将投影移动到边框以内，其过程如图 4-126～图 4-129 所示。

图 4-126　过程 1

图 4-127　过程 2

图 4-128　过程 3

图 4-129　过程 4

第 7 步：创作翻页效果

在"图层"面板中选中"图层 2"图层，单击该面板右下方的"创建新图层"按钮，或按〈Shift+Ctrl+Alt+N〉组合键，在"图层 2"图层上方创建一个名为"图层 3"的空图层，选中该图层，如图 4-130 所示。（**小知识 10：创建普通图层**）

切换到"通道"面板中，按住〈Ctrl〉键不放，将光标移动到 Alpha2 通道左侧的"通道缩览图"上并单击，图像中将生成 Alpha 2 通道内容元素的边缘选区，如图 4-131 所示。

图 4-130　创建新图层

图 4-131　Alpha 2 通道内容元素的边缘选区效果

272

切换到"图层"面板中，确保"图层 3"图层处于选中状态，在工具箱中选择"渐变"工具，在其选项栏中预设此工具，在此预设如图 4-132 和图 4-133 所示。（**小知识 42：渐变工具**）

图 4-132 "渐变"工具选项栏预设

预设完"渐变"工具后，将光标移动到图像中，按住鼠标左键不放，沿着从左到右的方向拖动光标，绘制出渐变效果，操作示意图如图 4-134 所示。释放鼠标左键，此时的图像效果及"图层"面板显示如图 4-135 所示。

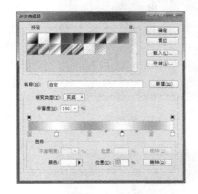

图 4-133 渐变色彩预设

图 4-134 操作示意图

图 4-135 图像效果及"图层"面板

按〈Ctrl+D〉组合键，取消虚线选区，图像效果及"图层"面板显示如图 4-136 所示。

翻转渐变图像。确保"图层 3"图层处于选中状态，按〈Ctrl+T〉组合键，在"图层 3"（渐变）图层中的图像边缘将出现实线边框，效果如图 4-137 所示。将光标移动到实线边框以内并右击，在弹出的快菜单中选择"水平翻转"命令，如图 4-138 所示，之后"图层 3"（渐变）图层中的图像会以中心点为对称中心发生水平翻转，效果如图 4-139 所示。再次将光标移动到实线边框以内并右击，在弹出的快捷菜单中选择"垂直翻转"命令，如图 4-140 所示，此时"图层 3"（渐变）图层中的图像会以中心点为对称中心发生垂直翻转，效果如图 4-141 所示。

图 4-136　取消选区后的图像效果及"图层"面板

图 4-137　实线边框效果

图 4-138　选择"水平翻转"命令

图 4-139　水平翻转效果

图 4-140　选择"垂直翻转"命令　　　　　　　　图 4-141　垂直翻转效果

在工具箱中选择"移动"工具，将光标移动到实线边框以内，在此需要特别注意的是，不要将光标放到中心点上，若放到中心点上，则表示将要移动中心点的位置。按住鼠标左键不放向右拖动光标，实现实线边框以内的图像内容沿着水平方向向右移动，移动到如图 4-142 所示的位置后，释放鼠标左键。移动完位置后，按〈Enter〉键，确认图像位置，实线边框消失，如图 4-143 所示。

图 4-142　移动实线边框以内的图像内容　　　　图 4-143　确认移动后的图像位置

确保"图层 3"图层处于选中状态，在工具箱中选择"矩形选框"工具，将光标移动到右侧的翻页区域，按住鼠标左键不放，绘制出如图 4-144 所示的虚线选区，之后按〈Delete〉键，删除选区内的图像内容，如图 4-145 所示。

图 4-144　绘制虚线选区

选择"选择"→"取消选择"命令，或按〈Ctrl+D〉组合键，取消虚线选区，效果如图 4-146 所示。

图 4-145　删除选区内容　　　　　　　　　　　图 4-146　图像效果

保持"图层 3"图层处于选中状态，单击"图层"面板左下方的"添加图层样式"按钮，如图 4-147 所示，在打开的下拉列表框中选择"投影"选项，之后弹出"图层样式"对话框，在其中设置投影的"不透明度""角度""距离""扩展"和"大小"等参数，如图 4-148 所示，最后单击"确定"按钮，完成翻页区域投影的添加。最终的图像效果及"图层"面板显示如图 4-149 所示。

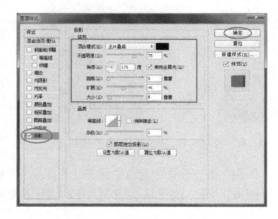

图 4-147　单击"添加图层样式"按钮　　　　图 4-148　"图层样式"对话框

图 4-149　最终的图像效果及"图层"面板

第 8 步：存储文件

选择"文件"→"存储为"命令，或按〈Ctrl+Shift+S〉组合键，弹出"另存为"对话框，选择存储路径并命名文件，将文件的保存类型设置为 PSD 格式，以方便后期编辑，单击"保存"按钮，完成存储操作。

4.4 木纹刻字和刻图艺术效果

导读：本节通过学习木纹刻字和刻图艺术效果，来巩固前面所学的知识，进一步提升读者的创作意识，并培养读者对图像创作的兴趣爱好。在学习本节案例之前，先来看一下这种艺术效果的呈现形式，从而对本节案例内容有一个大致了解。图 4-150～图 4-152 所示为其呈现形式，在学习这些案例的过程中，应理解每个操作步骤的操作原理，灵活运用，融会贯通。

图 4-150 木纹凸字效果　　　　图 4-151 木纹凹字效果　　　　图 4-152 木纹刻图效果

木纹刻字和刻图艺术效果的具体操作方法及步骤如下。

第 1 步：新建空白文档

打开 Photoshop，选择"文件"→"新建"命令，如图 4-153 所示，或按〈Ctrl+N〉组合键，弹出"新建"对话框，创建一个"宽度"为 210 毫米，"高度"为 297 毫米，"分辨率"为 72 像素/英寸，"颜色模式"为 RGB 颜色，"背景内容"为"白色"的画布，如图 4-154 所示，最后单击"确定"按钮。

 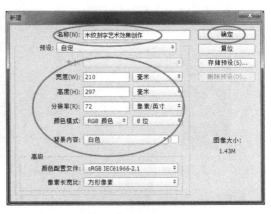

图 4-153 选择"新建"命令　　　　　图 4-154 "新建"对话框

第2步：制作木纹纹理

在"图层"面板中，单击右下方的"创建新图层"按钮，如图 4-155 所示，或按〈Shift+Ctrl+Alt+N〉组合键，之后在"背景"图层上方将出现一个名为"图层 1"的空图层，选中该图层，如图 4-156 所示。（**小知识 10：创建普通图层**）

在工具箱中选择"矩形选框"工具 ▣，将光标移动到白色画布中，按住鼠标左键不放，绘制出如图 4-157 所示的虚线选区，释放鼠标左键。

  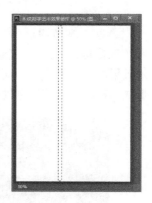

图 4-155　单击"创建新图层"按钮　　图 4-156　创建新图层后的"图层"面板　　图 4-157　绘制选区

在工具箱中将前景色的颜色设置为黄色（R:185，G:125，B:0）（接近木头的色彩），如图 4-158 所示。在"图层"面板中检查并确保"图层 1"图层处选中状态，按〈Alt+Delete〉组合键，在"图层 1"图层中填充前景色黄色，此时的图像效果及"图层"面板显示如图 4-159 所示。（**小知识 17：前景色与背景色**）

  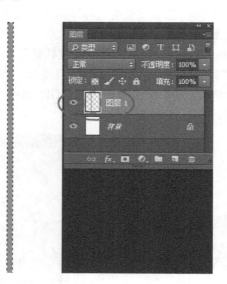

图 4-158　前景色预设　　　　图 4-159　图像效果及"图层"面板

选择"选择"→"取消选择"命令，如图 4-160 所示，或按〈Ctrl+D〉组合键，取消虚线选区，图像效果及"图层"面板如图 4-161 所示。

图 4-160　选择"取消选择"命令　　　　　　图 4-161　图像效果及"图层"面板

　　选择"滤镜"→"风格化"→"风"命令，如图 4-162 所示，弹出"风"对话框，将
"方法"设置为"风"，将"方向"设置为"从右"，如图 4-163 所示，单击"确定"按钮，
此时的色块边缘发生了"风"效果变化，如图 4-164 所示。

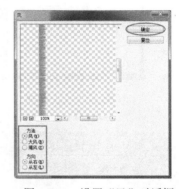

图 4-162　选择"风"命令　　　　　　　图 4-163　设置"风"对话框

　　用相同的操作方法，再次选中"图层 1"图层，选择"滤镜"→"风格化"→"风"命
令，或按〈Ctrl+F〉组合键，第二次使用"风"滤镜效果，如图 4-165 所示。

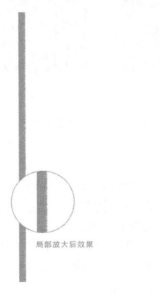

图 4-164　第一次使用"风"滤镜后的图像效果　　　图 4-165　第二次使用"风"滤镜后的图像效果

检查并确保"图层 1"图层处于选中状态，按〈Ctrl+T〉组合键，图像中将出现实线边框，如图 4-166 所示。将光标分别移动到实线边框左右两条边的一条边上，按住鼠标左键不放，向左或向右拖动鼠标，使得图像向左或向右水平拉伸变形，操作示意图如图 4-167 所示。图像拉伸到如图 4-168 所示的效果后，按〈Enter〉键，确认所拉伸变形的图像，实线边框消失，效果如图 4-169 所示。

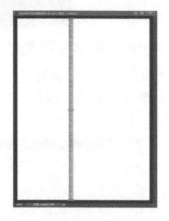

图 4-166　实线边框

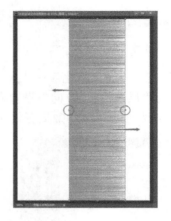

图 4-167　操作示意图

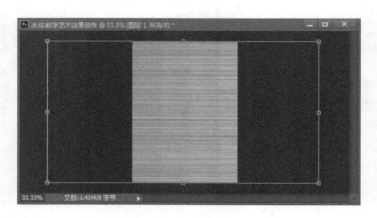

图 4-168　拉伸图像

图 4-169　图像效果

在"图层"面板中选中"背景"图层，按〈Shift+Ctrl+Alt+N〉组合键，在"背景"图层上方创建一个名为"图层 2"的新图层，选中该图层，如图 4-170 所示。（**小知识 10：创建普通图层**）

在工具箱中将前景色的颜色设置为深黄色（R:185，G:125，B:0）（接近木头的色彩），如图 4-171 所示。按〈Alt+Delete〉组合键，在"图层 2"图层中填充前景色深黄色，图像效果及"图层"面板如图 4-172 所示。（**小知识 17：前景色与背景色**）

在"图层"面板中选中"图层 1"图层，在工具箱中选择"矩形选框"工具，将光标移动到图像区域，按住鼠标左键不放，绘制出如图 4-173 所示的矩形虚线选区，释放鼠标左键。

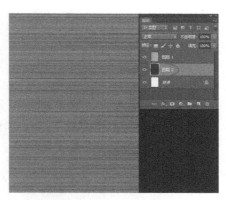

图 4-170　创建新图层　　　图 4-171　前景色预设　　　图 4-172　图像效果及"图层"面板

　　检查并确保"图层 1"图层处于选中状态，选择"滤镜"→"扭曲"→"旋转扭曲"滤镜效果命令，如图 4-174 所示，弹出"旋转扭曲"对话框，在其中设置扭曲的"角度"大小，用户可以根据图像预览情况自行设置，如图 4-175 所示，单击"确定"按钮，完成选区内容的扭曲变换操作。最后按〈Ctrl+D〉组合键取消虚线选区，图像效果如图 4-176 所示。

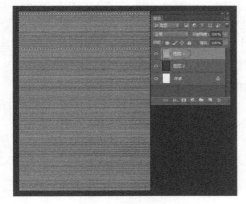

图 4-173　绘制虚线选区　　　　　　图 4-174　"旋转扭曲"滤镜在菜单栏中的位置

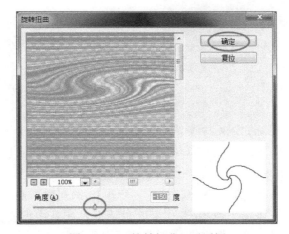

图 4-175　"旋转扭曲"对话框

始终确保"图层 1"图层处于选中状态，重复以上操作，完成后续内容的扭曲变化，效果如图 4-177 所示。

图 4-176　扭曲过程 1　　　　　　　　　图 4-177　扭曲过程 2

确保"图层 1"图层处于选中状态，按住〈Shift〉键不放并单击"图层 2"图层，释放〈Shift〉键，同时选中"图层 1"图层和"图层 2"图层，如图 4-178 所示。**（小知识 7：多图层选择）**

将光标移动到"图层 1"或"图层 2"文字上并右击，在弹出的快捷菜单中选择"合并图层"命令，如图 4-179 所示。"图层 1"和"图层 2"图层将合并为一个名为"图层 1"的新图层，或按〈Shift+E〉组合键合并多个图层，如图 4-180 所示。

图 4-178　同时选中"图层 1"和"图层 2"图层　　　　图 4-179　选择"合并图层"命令

第 3 步：调整木纹色彩

调整木纹色彩。选择"图像"→"调整"→"色相/饱和度"命令，如图 4-181 所示，或按〈Ctrl+U〉组合键，弹出"色相/饱和度"对话框，在其中调整图像的"色相""饱和度"和"明度"参数，用户可以根据图像预览情况自行调整，如图 4-182 所示，最后单击"确定"按钮，调整完色彩后的木纹效果如图 4-183 所示。**（小知识 31：色相/饱和度）**

图 4-180　合并图层

图 4-181　选择"色相/饱和度"命令

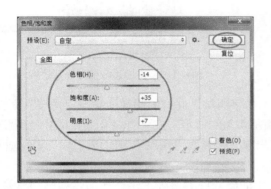

图 4-182　"色相/饱和度"对话框

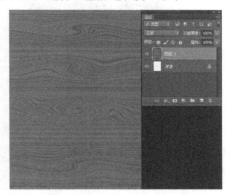

图 4-183　调整完色彩后的图像效果

第 4 步：创作文字凸印或凹印效果

在工具箱中选择"竖排文字"工具，在其选项栏中预设此工具，预设文字的字体、大小等信息，如图 4-184 所示，之后将光标移动到图像区域，先单击再输入文字，此时在"图层"面板的"图层 1"图层上方将出现一个文字图层，图像效果、"图层"面板及工具箱显示如图 4-185 所示。

图 4-184　"竖排文字"工具选项栏预设

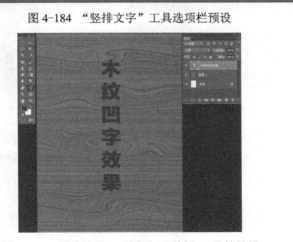

图 4-185　图像效果、"图层"面板和工具箱效果

输入文字内容后，按住〈Ctrl〉键不放，将光标移动到"图层"面板中"木纹凹字效果"文字图层左侧的"指示文本图层"图标上，位置标注如图 4-186 所示，单击，在画布中将出现文字边缘虚线选区，效果如图 4-187 所示，释放〈Ctrl〉键。

图 4-186 "指示文本图层"图标位置标注　　　　　　图 4-187 文字边缘虚线选区效果

在"图层"面板中隐藏"木纹凹字效果"文字图层，此时的图像效果及"图层"面板显示如图 4-188 所示。选中"图层 1"图层，如图 4-189 所示。按〈Ctrl+J〉组合键，复制选区内容，此时在"图层 1"（木纹）图层上方将出现一个名为"图层 2"的新图层，虚线选区消失，如图 4-190 所示。

在此需要特别注意的是，"图层 2"图层中的图像内容实际上是存在的，如图 4-191 所示，因为与"图层 1"图层中的内容重合了，所以看不出图像效果。

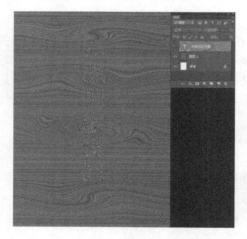

图 4-188 图像效果及"图层"面板　　　　　　图 4-189 选中木纹图层

在"图层"面板中选中"图层 2"图层，单击"图层"面板左下方的"添加图层样式"按钮，如图 4-192 所示，在打开的下拉列表框中选择"斜面和浮雕"选项，如图 4-193 和图 4-194 所示。接着弹出"图层样式"对话框，在其中设置"样式""深度""大小""不透明度"和"方向"等参数，用户可以根据图像情况自行调整，在此预设如图 4-195 所示，最后单击"确定"按钮，完成文字的斜面和浮雕效果的添加，此时的图像效果及"图层"面板如图 4-196 所示。

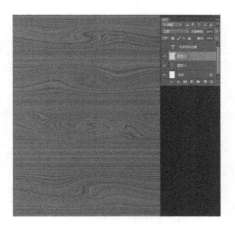

图 4-190　图像效果及"图层"面板

图 4-191　"图层 2"图层中的图像内容

图 4-192　单击"添加图层样式"按钮

图 4-193　选择"斜面和浮雕"选项

图 4-194　操作示意图

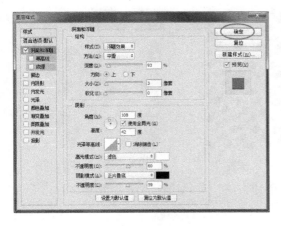

图 4-195　"图层样式"对话框（凸印）

图 4-196　图像效果及"图层"面板

　　在此需要特别注意的是，若想实现文字的凹印效果，设置"图层样式"对话框如图 4-197 所示，效果如图 4-198 所示。

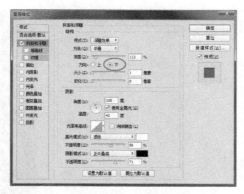
图 4-197 "图层样式"对话框（凹印）

图 4-198 文字凹印效果呈现

第 5 步：保存创作图像

选择"文件"→"存储为"命令，或按〈Ctrl+Shift+S〉组合键，弹出"另存为"对话框，选择存储路径并命名文件，将文件的保存类型设置为 PSD 格式，以方便后期编辑，单击"保存"按钮，完成存储操作。

4.5 创意图案

导读： 漂亮的背景图案在包装、招贴和宣传册等物料设计中显得尤为重要，它能够起到衬托、装饰或映射的作用。本节通过学习艺术背景图案的创作方法，让读者在理解操作步骤的基础上，做到触类旁通，灵活运用本节所学习的知识内容，进行其他艺术背景图案的创作。在学习创作艺术背景图像的同时，也培养了读者对艺术创作的兴趣，进而提升自身的审美意识。在学习案例操作之前，先来看几张图像，从而对本节内容有一个大致了解。图 4-199～图 4-201 这几张背景图案是用图像处理软件自行创作的，可以运用到物料设计中。

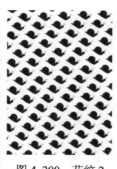
图 4-199 花纹 1

图 4-200 花纹 2

图 4-201 花纹 3

接下来，借助 Photoshop 学习艺术图案的创作方法，具体操作方法及步骤如下。

4.5.1 创作羽毛

第 1 步：新建空白文档

打开 Photoshop，选择"文件"→"新建"命令，如图 4-202 所示，或按〈Ctrl+N〉组合键，弹出"新建"对话框，创建一个"宽度"为 10 厘米，"高度"为 10 厘米，"分辨率"

为 300 像素/英寸,"颜色模式"为 RGB 颜色,"背景内容"为"白色"的画布,具体设置参数如图 4-203 所示,最后单击"确定"按钮,完成新文件的创建。

图 4-202 选择"新建"命令

图 4-203 "新建"对话框

第 2 步:创建新图层

在"图层"面板中,单击右下方的"创建新图层"按钮,如图 4-204 所示,或按〈Shift+Ctrl+Alt+N〉组合键,在"背景"图层上方创建一个名为"图层 1"的空图层,选中该图层,如图 4-205 所示。(**小知识 10:创建普通图层**)

图 4-204 "创建新图层"图标位置标注

图 4-205 创建新图层

在工具箱中,将前景色的颜色设置为黑色(增加后期对比),如图 4-206 所示。检查并确保"图层 1"图层处于选中状态,再按〈Alt+Delete〉组合键,在"图层 1"图层中填充前景色黑色,如图 4-207 所示。(**小知识 17:前景色与背景色**)

图 4-206 前景色预设

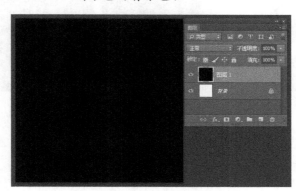

图 4-207 在"图层 1"图层中填充前景色黑色

第3步：创作白色羽毛

在"图层"面板中，单击右下方的"创建新图层"按钮，如图 4-208 所示，或按〈Shift+Ctrl+Alt+N〉组合键，在"图层 1"图层上方创建一个名为"图层 2"的空图层，选中该图层，如图 4-209 所示。（**小知识 10：创建普通图层**）

检查并确保"图层 2"图层处于选中状态，在工具箱中选择"矩形选框"工具，将光标移动到画布区域，按住鼠标左键不放，绘制出如图 4-210 所示的虚线选区。

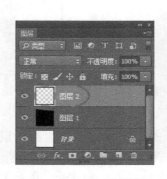

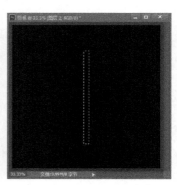

图 4-208　单击"创建新图层"按钮　　图 4-209　创建新图层　　图 4-210　绘制虚线选区

再在工具箱中将前景色的颜色修改为白色，如图 4-211 所示。在"图层"面板中检查并确保"图层 2"图层处于选中状态，按〈Alt+Delete〉组合键，在"图层 2"图层选区中填充前景色白色，效果如图 4-212 所示。（**小知识 17：前景色与背景色**）

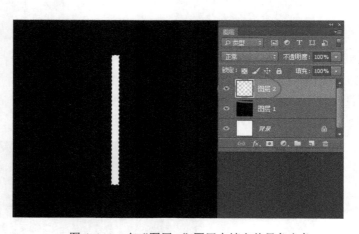

图 4-211　前景色预设　　　　　　图 4-212　在"图层 2"图层中填充前景色白色

选择"选择"→"取消选择"命令，如图 4-213 所示，或按〈Ctrl+D〉组合键以取消虚线选区，如图 4-214 所示。

选择"滤镜"→"风格化"→"风"命令，如图 4-215 所示，弹出"风"对话框，在其中将"方法"设置为"风"，将"方向"设置为"从右"，如图 4-216 所示。最后单击"确定"按钮。此时的图像效果发生了"风"效果变化，如图 4-217 所示。

图 4-213　选择"取消选择"命令

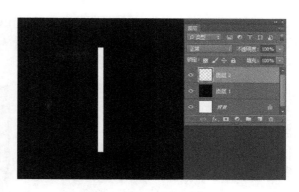

图 4-214　取消虚线选区后的效果

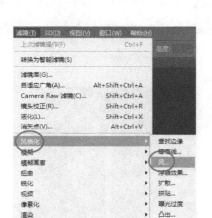

图 4-215　选择"风"命令

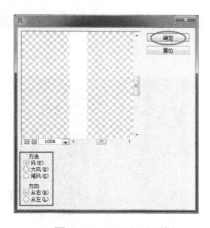

图 4-216　"风"对话框

　　用相同的操作方法，确保"图层 2"图层处于选中状态，再执行两次"滤镜"→"风格化"→"风"命令，或按两次〈Ctrl+F〉组合键，用户可以根据图像情况自行把握执行次数，图像效果如图 4-218 所示。

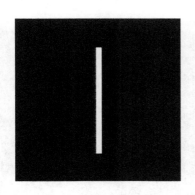

图 4-217　第一次使用"风"滤镜后的图像效果

图 4-218　第三次使用"风"滤镜后的图像效果

　　检查并确保"图层 2"图层处于选中状态，按〈Ctrl+T〉组合键，白色区域边缘将出现实线边框，如图 4-219 所示。之后把光标移动到实线边框以内并右击，在弹出的快捷菜单中选择"斜切"命令，如图 4-220 所示。之后将光标移动到实线边框左侧边线上的中间点上，按住左键不放向上移动光标，图像发生变化，效果如图 4-221 所示，最后按〈Enter〉键，确认变形图像，实线边框消失，如图 4-222 所示。

图 4-219　实线边框效果

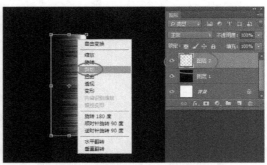

图 4-220　选择"斜切"命令

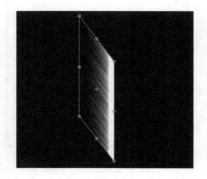

图 4-221　图像"斜切"变形

图 4-222　确认图像变形效果

　　确保"图层 2"图层处于选中状态，在工具箱中选择"矩形选框"工具 ▣ ，将光标移动到画布区域，按住鼠标左键不放，绘制出如图 4-223 所示的虚线选区，按〈Delete〉键，删除选区内的图像内容，如图 4-224 所示。

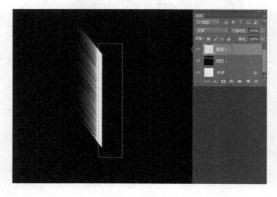

图 4-223　绘制选区

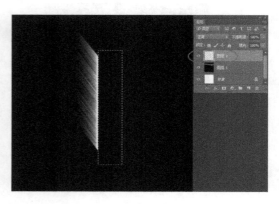

图 4-224　删除选区内的图像内容

选择"选择"→"取消选择"命令，或按〈Ctrl+D〉组合键，取消虚线选区，效果如图 4-225 所示。

确保"图层 2"图层处于选中状态，按〈Ctrl+J〉组合键，复制"图层 2"图层，复制后的图层名称为"图层 2 拷贝"，并选中该图层，如图 4-226 所示。（**小知识 13：复制图层**）

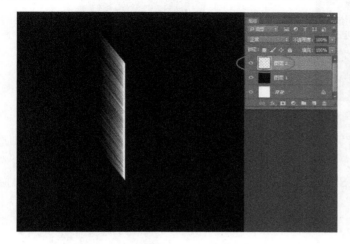

图 4-225　取消虚线选区后的图像效果　　　　　图 4-226　复制图层后的"图层"面板

检查并确保"图层 2 拷贝"图层处于选中状态，按〈Ctrl+T〉组合键，出现实线边框，将光标移动到实线边框的中心点上，按住鼠标左键不放，将中心点移动到实线边框右侧的中间点上，释放鼠标左键，操作示意图如图 4-227 所示，移动中心点后的图像效果如图 4-228 所示。之后把鼠标放到实线边框以内并右击，在弹出的快捷菜单中选择"水平翻转"命令，如图 4-229 所示。图像以实线边框右侧边线为对称轴发生了水平翻转，效果如图 4-230 所示。最后按〈Enter〉键，确认变换图像，实线边框消失，如图 4-231 所示。

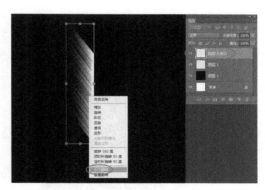

图 4-227　操作示意图　　图 4-228　移动中心点后的图像效果　　　图 4-229　选择"水平翻转"命令

确保"图层 2 拷贝"图层处于选中状态，按住〈Shift〉键不放并单击"图层 2"图层，释放〈Shift〉键，以同时选中"图层 2 拷贝"和"图层 2"图层，如图 4-232 所示。（**小知识 7：多图层选择**）

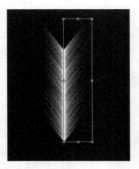

图 4-230　水平翻转　　　　　　　　　　图 4-231　取消实线边框后的图像效果

　　将光标移动到"图层 2 拷贝"和"图层 2"文字上并右击,在弹出的快捷菜单中选择"合并图层"命令,如图 4-233 所示。此时"图层 2"图层中的内容会自动合并到"图层 2 拷贝"图层中,或按〈Shift+E〉组合键合并两个图层,合并图层后的"图层"面板如图 4-234 所示。

图 4-232　同时选中两个图层　　图 4-233　选择"合并图层"命令　　图 4-234　合并图层后的"图层"面板

第 4 步:羽毛填色

　　按住〈Ctrl〉键不放,将光标移动到"图层"面板中"图层 2 拷贝"图层左侧的"图层缩览图"图标上,位置标注如图 4-235 所示。单击将出现白色羽毛边缘虚线选区,效果如图 4-236 所示,释放〈Ctrl〉键。

图 4-235　"图层缩览图"图标位置标注　　　　　图 4-236　白色羽毛边缘虚线选区效果

在工具箱中选择"渐变"工具 ，在其选项栏中预设其属性，用户可以根据个人情况自行设置，在此设置为色谱线性渐变，如图4-237所示。（**小知识42：渐变工具**）

将光标移动到画布中，按住鼠标左键不放，从上向下拖曳鼠标，操作示意图如图 4-238 所示，之后释放鼠标左键。选择"选择"→"取消选择"命令，或按〈Ctrl+D〉组合键取消虚线选区，图像效果及"图层"面板如图4-239所示。

图 4-237 "渐变"工具选项栏预设

图 4-238 操作示意图

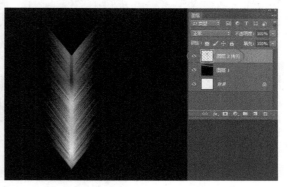

图 4-239 图像效果及"图层"面板

第5步：变换并复制羽毛

确保"图层 2 拷贝"图层处于选中状态，按〈Ctrl+J〉组合键，复制"图层 2 拷贝"图层，之后在"图层 2 拷贝"图层上方将出现一个名为"图层 2 拷贝 2"的新图层，选中该图层，如图4-240所示。（**小知识13：复制图层**）

确保"图层 2 拷贝 2"图层处于选中状态，按〈Ctrl+T〉组合键，出现实线边框，此时的图像中心点位于实线边框正中心位置，如图4-241所示。

图 4-240 复制图层后的"图层"面板

图 4-241 实线边框

在选项栏中调整中心点的位置，将中心点设置到实线边框下边框的中心点位置上，并预设旋转角度，如图 4-242 所示。调整完中心点的位置并设置了旋转角度数值后的图像效果发生了变化，如图 4-243 所示。最后按〈Enter〉键，确认变化图像，实线边框消失，如图 4-244 所示。

图 4-242　中心点位置调整及旋转角度数值预设

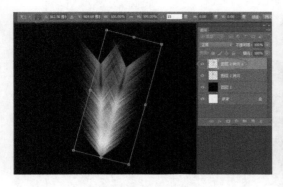

图 4-243　图像效果

图 4-244　确认变化图像

按 15 次〈Shift+Ctrl+Alt+T〉组合键，再复制 15 片羽毛，每按一次〈Shift+Ctrl+Alt+T〉组合键，在"图层"面板中将自动多出一个图层，图像区域多出一片羽毛，过程如图 4-245 和图 4-246 所示。

图 4-245　变换复制过程 1

图 4-246　变换复制过程 2

在"图层"面板中确保顶图层"图层 2 拷贝 17"图层处于选中状态，按住〈Shift〉键不放，单击"图层 2 拷贝"图层，释放〈Shift〉键，同时选中"图层 2 拷贝 17"和"图层 2 拷贝"图层及之间的所有图层，如图 4-247 所示。**（小知识 7：多图层选择）**

选中多个图层后，将光标移动到"图层 2 拷贝 17"图层或"图层 2 拷贝"图层或中间图层的文字上并右击，在弹出的快捷菜单中选择"合并图层"命令，如图 4-248 所示，之后选中的所有图层将合并为一个名为"图层 2 拷贝 17"的新图层，或按〈Shift+E〉组合键合并多个图层，如图 4-249 所示。

图 4-247　选中多个图层　　图 4-248　选择"合并图层"命令　　图 4-249　合并图层后的"图层"面板

第 6 步：移动并缩小羽毛

确保"图层 2 拷贝 17"图层处于选中状态，按〈Ctrl+T〉组合键，出现实线边框，将光标移动到实线边框的一个角上，按住〈Shift〉键不放，沿着对角线的方向向中心点移动光标，实现图像的缩小，操作示意图如图 4-250 所示。缩小后的图像效果如图 4-251 所示。再将光标移动到实线边框 4 个角以外，位置标注如图 4-252 所示，按住鼠标左键不放，旋转图像，效果如图 4-253 所示。再将光标移动到实线边框以内，按住鼠标左键不放，将图像移动到黑色背　景的正中位置，如图 4-254 所示。最后按〈Enter〉键，确认变化图像，实线边框消失，如　图 4-255 所示。（**小知识 36：图像缩小、放大及旋转**）

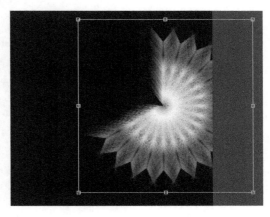

图 4-250　操作示意图　　　　　　　　　　　　　图 4-251　缩小后的图像效果

295

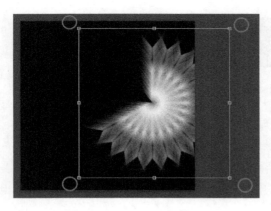

图 4-252　光标位置标注

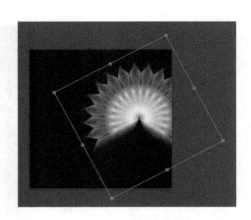

图 4-253　旋转图像

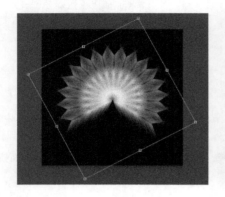

图 4-254　移动图像位置

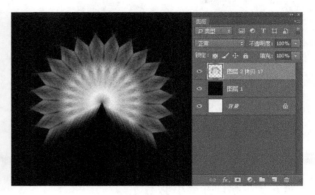

图 4-255　图像效果及"图层"面板

第 7 步：整理图层

在"图层"面板中选中黑色背景"图层 1"图层，按〈Delete〉键，删除该图层。将"背景"图层隐藏，最终的图像效果及"图层"面板显示如图 4-256 所示。

图 4-256　最终的图像效果及"图层"面板

第 8 步：保存图像

选择"文件"→"存储为"命令，或按〈Ctrl+Shift+S〉组合键，弹出"另存为"对话

框，选择存储路径并命名文件，将文件的保存类型设置为 PSD 格式，以方便后期编辑，单击"保存"按钮，完成存储操作。

4.5.2　自定义图案创作背景

上接 4.5.1 节的第 8 步操作。

第 9 步：缩小图像

在"图层"面板中选中彩色羽毛"图层 2 拷贝 17"图层，按〈Ctrl+T〉组合键，出现实线边框，将光标移动到实线边框的一个角上，按住〈Shift+Alt〉组合键和鼠标左键不放，向中心点方向移动光标，等比缩小图像，操作示意图如图 4-257 所示，释放〈Shift+Alt〉组合键和鼠标左键。缩小后的图像效果如图 4-258 所示。最后按〈Enter〉键，确认变化图像，实线边框消失，如图 4-259 所示。（**小知识 36：图像的缩小、放大及旋转**）

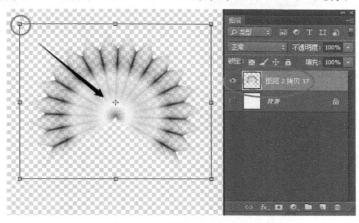

图 4-257　缩小图像操作示意图

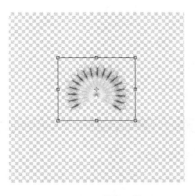

图 4-258　缩小图像后的效果

图 4-259　确认图像变化后的效果

第 10 步：裁切图像

在工具箱中选择"裁切"工具，在其选项栏中预设此工具，如图 4-260 所示。将光标移动到图像区域按住鼠标左键不放，绘制出裁切图像区域，效果如图 4-261 所示，单击选项栏上的对号按钮或双击，完成图像的裁切，裁切后的图像效果及"图层"面板如图 4-262 所示。（**小知识 3：裁切工具**）

图 4-260 "裁切"工具选项栏预设

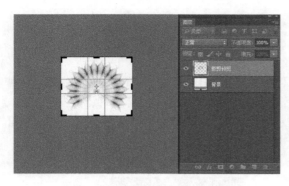
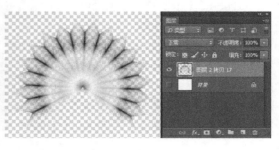

图 4-261 绘制图像裁切区域　　　　　　图 4-262 裁切后的图像效果及"图层"面板

第 11 步：将彩色羽毛图案预设为图案

选择"编辑"→"定义图案"命令，如图 4-263 所示，弹出"图案名称"对话框，输入图案名称，单击"确定"按钮，如图 4-264 所示。

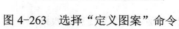

图 4-263 选择"定义图案"命令　　　　　　图 4-264 "图案名称"对话框

第 12 步：新建空白文档

选择"文件"→"新建"命令，或按〈Ctrl+N〉组合键，弹出"新建"对话框，创建一个"宽度"为 29.7 厘米，"高度"为 42 厘米，"分辨率"为 300 像素/英寸，"颜色模式"为 RGB 颜色，"背景内容"为"白色"的画布，具体参数设置如图 4-265 所示，最后单击"确定"按钮，完成新文件的创建。

第 13 步：创建新图层

在"图层"面板中单击右下方的"创建新图层"按钮，或按〈Shift+Ctrl+Alt+N〉组合键，在"背景"图层上方创建一个名为"图层 1"的空图层，选中该图层，如图 4-266 所示。（小知识 10：创建普通图层）

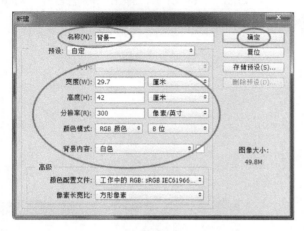

图 4-265 设置"新建"对话框   图 4-266 创建新图层后的"图层"面板

在工具箱中选择"油漆桶"工具，在其选项栏中预设此工具，将填充内容设定为"图案"，图案选择为先前创作的"羽毛"图案（第 11 步操作中定义的图案），如图 4-267 所示。（小知识 30：油漆桶工具）

检查并确保"图层 1"图层处于选中状态，将光标移动到图像区域并单击，即可完成图案的填充，效果如图 4-268 所示。

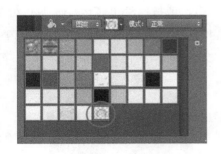

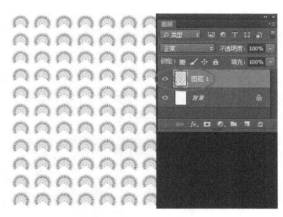

图 4-267 "油漆桶"工具选项栏预设   图 4-268 图案填充效果

第 14 步：保存图像

选择"文件"→"存储为"命令，或按〈Ctrl+Shift+S〉组合键，弹出"另存为"对话框，选择存储路径并命名文件，将文件的保存类型设置为 PSD 格式，以方便后期编辑，单击"保存"按钮，完成存储操作。

4.5.3 自定义画笔创作背景

上接 4.5.1 节的第 10 步操作。

第 11 步：将彩色羽毛图案定义为画笔

选择"编辑"→"定义画笔预设"命令，如图 4-269 所示，弹出"画笔名称"对话框，在其中输入画笔名称，单击"确定"按钮，如图 4-270 所示。

图 4-269　选择"定义画笔预设"命令　　　　图 4-270　"画笔名称"对话框

第 12 步：新建空白文档

选择"文件"→"新建"命令，或按〈Ctrl+N〉组合键，弹出"新建"对话框，创建一个"宽度"为 29.7 厘米，"高度"为 42 厘米，"分辨率"为 300 像素/英寸，"颜色模式"为 RGB 颜色，"背景内容"为"白色"的画布，具体参数设置如图 4-271 所示，最后单击"确定"按钮，完成新文件的创建。

第 13 步：创建新图层

在"图层"面板中单击右下方的"创建新图层"按钮，或按〈Shift+Ctrl+Alt+N〉组合键，在"背景"图层上方创建一个名为"图层 1"的空图层，选中该图层，如图 4-272 所示。

（小知识 10：创建普通图层）

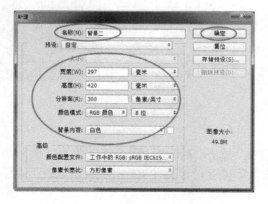

图 4-271　设置"新建"对话框　　　　图 4-272　创建新图层后的"图层"面板

第 14 步：预设前景色与背景色

在工具箱中将前景色设置为红色（R:255，G:0，B:0），将背景色设置为黄色（R:255，G:160，B:0），也可以根据个人喜好自行预设，如图 4-273 所示。（**小知识 17：前景色与背景色**）

第 15 步：预设画笔

在工具箱中选择"画笔"工具 ，在其选项栏中预设此工具，选择先前定义好的"羽毛"画笔形状（第 11 步操作中定义的图案），调整"不透明度"及"流量"，在此预设如图 4-274 所示。（**小知识 25：画笔工具**）

图 4-273　预设前景色和背景色色彩　　　　图 4-274　"画笔"工具选项栏预设

在"画笔"工具的选项栏中单击"切换画笔面板"按钮，位置标注如图 4-275 所示，打开"画笔/画笔预设"面板，如图 4-276 所示。在其中设置画笔的"笔尖形状""散布"和"颜色动态"等信息，具体预设如图 4-277～图 4-280 所示。

图 4-275　单击"切换画笔面板"按钮

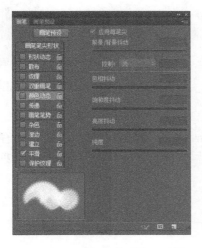

图 4-276　"画笔/画笔预设"面板　　　　图 4-277　"画笔笔尖形状"预设

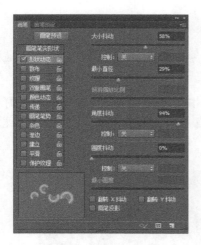

图 4-278　画笔"形状动态"预设

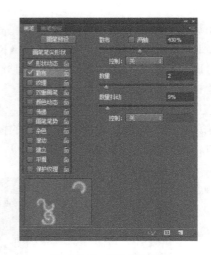

图 4-279　"散布"预设

确保"图层 1"图层处于选中状态，将光标移动到图像区域，按住鼠标左键不放或不断单击，在"图层 1"图层中绘制背景图案，在绘制的过程中可以按〈[〉或〈]〉键放大或缩小画笔笔刷，最终的图像效果及"图层"面板显示如图 4-281 所示。

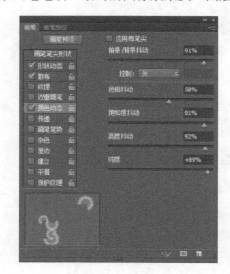

图 4-280　"颜色动态"预设

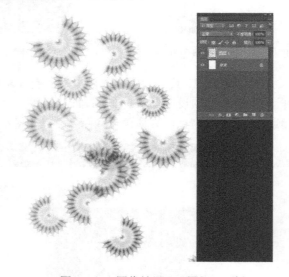

图 4-281　图像效果及"图层"面板

第 16 步：保存图像

选择"文件"→"存储为"命令，或按〈Ctrl+Shift+S〉组合键，弹出"另存为"对话框，选择存储路径并命名文件，将文件的保存类型设置为 PSD 格式，以方便后期编辑，单击"保存"按钮，完成存储操作。

第5章 动画创作及批处理图像

本章将讲解动画创作和批量处理图像的相关知识。通过动画的学习，学会创作简单网络 GIF 动画；通过批量处理图像的学习来完成大量相同的、重复性的操作，从而节约操作时间，提高工作效率，并实现图像处理的自动化。

5.1 动画效果创作

导读：动画效果创作的操作方法有多种，可以用 Flash、Premiere、After Effects 等软件进行创作。本节内容将运用 Photoshop 创作简单的动画效果，满足简单的创作需求。可以使用连续静态图像创作动画效果，也可以通过调整图像的不透明度和位移属性来丰富动画效果。在学习本节内容时希望用户能够理解动画形成的原因，做到灵活运用，灵活创作。

5.1.1 利用连续图像创建动画

以下给出的图像中，图 5-1~图 5-6 所示为 6 张连续拍摄的静态图像，借助 Photoshop 可将这 6 张静态图像进行动作串联，实现静态图像的逐帧串联动画效果。

图 5-1　图像 1

图 5-2　图像 2

图 5-3　图像 3

图 5-4　图像 4

图 5-5　图像 5

图 5-6　图像 6

连续图像创作动画的具体操作方法及步骤如下。

第 1 步：打开 6 张连续静态图像

打开 Photoshop，选择"文件"→"打开"命令，弹出"打开"对话框，或按〈Ctrl+O〉组合键，打开从网盘下载的"Photoshop 图形图像处理实用教程图像库\第 5 章\连续图像创作动画练习 1.jpg""Photoshop 图形图像处理实用教程图像库\第 5 章\连续图像创作动画练习 2.jpg""Photoshop 图形图像处理实用教程图像库\第 5 章\连续图像创作动画练习 3.jpg""Photoshop 图形图像处理实用教程图像库\第 5 章\连续图像创作动画练习 4.jpg""Photoshop 图形图像处理实用教程图像库\第 5 章\连续图像创作动画练习 5.jpg"和"Photoshop 图形图像处理实用教程图像库\第 5 章\连续图像创作动画练习 6.jpg"6 张静态图像，图像窗口显示如图 5-7 所示。**（小知识 6：快捷打开多个文件）**

图 5-7 多张图像文件窗口显示

第 2 步：将 6 张图像拖动至一个图像文件中

将光标移动到"标题栏"位置，单击"连续图像创作动画练习 2.jpg"文字，以选择显示该文件图像。**（小知识 35：显示指定文件）**

在工具箱中选择"移动"工具 ，将光标移动到图像区域，按住鼠标左键和〈Shift〉键不放，先将"连续图像创作动画练习 2"图像拖动到"标题栏"处的"连续图像创作动画练习 1.jpg"文字上，此时软件会自动切换显示"连续图像创作动画练习 1"图像文件，继续按住鼠标左键和〈Shift〉键不放，将"连续图像创作动画练习 2"图像拖动到"连续图像创作动画练习 1"文件的图像区域，最后释放鼠标左键和〈Shift〉键，此时"连续图像创作动画练习 2"图像会自动置于"连续图像创作动画练习 1"图像文件的中心位置。**（小知识 1：图像自动置于文件中心位置）**

用以上相同的拖动方法，再分别将"连续图像创作动画练习 3""连续图像创作动画练习 4""连续图像创作动画练习 5"和"连续图像创作动画练习 6"图像拖动到"连续图像创作动画练习 1"图像文件中，此时的图像效果及"图层"面板显示如图 5-8 所示。

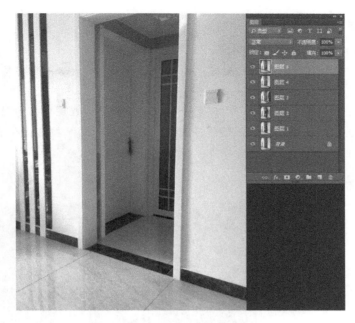

图 5-8　图像效果及"图层"面板显示

第 3 步：关闭文件

将光标移动到"标题栏"处，依次单击"连续图像创作动画练习 2""连续图像创作动画练习 3""连续图像创作动画练习 4""连续图像创作动画练习 5"和"连续图像创作动画练习 6"5 个图像文件右侧的关闭图标，位置如图 5-9 所示。只保留"连续图像创作动画练习 1"分层文件，关闭文件后的窗口显示如图 5-10 所示。

图 5-9　关闭图标位置标注

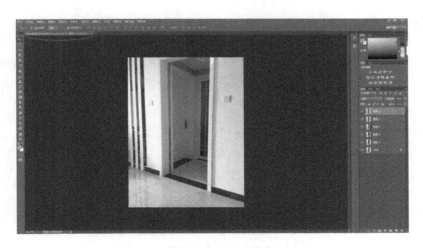

图 5-10　关闭多个文件后的窗口显示

第 4 步：创建连续动画

小知识 44：帧模式"时间轴"面板

在帧模式下，可以在"时间轴"面板中创建帧动画，每帧表示一个图层配置。

帧模式"时间轴"面板介绍如下（见图 5-14）。

选择"窗口"→"时间轴"命令，位置如图 5-11 所示，在图像下方将打开"时间轴"面板，此时的面板不是帧模式，在该面板中单击"创建帧动画"按钮，位置标注如图 5-12 所示，将其转换为帧模式，以创建帧动画，如图 5-13 所示。

图 5-11　选择"时间轴"命令

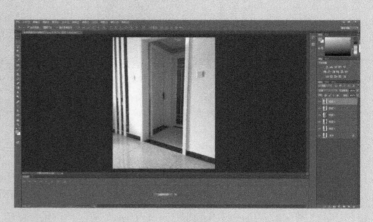

图 5-12　单击"创建帧动画"按钮

图 5-13　"时间轴"面板

图 5-14　帧模式"时间轴"面板

当前帧：表示当前所选择的帧。

帧延迟时间：两帧之间所延迟的时间。

转换为视频时间轴：将帧模式"时间轴"面板切换为视频"时间轴"面板。

循环选项：设置动画在导出时的播放次数。

选择第一帧：单击该按钮，可以选择序列中的第一帧作为当前帧。

选择上一帧：单击该按钮，可以选择当前帧的前一帧。

播放动画：单击该按钮，可以在文档窗口中播放动画。若要停止动画播放，再次单击该按钮即可。

选择下一帧：单击该按钮，可以选择当前帧的后一帧。

过渡动画帧：在两个现有帧之间添加一系列帧。

复制所选帧：通过复制选定帧以添加帧数。

删除所选帧：删除所选择的帧。

选择"窗口"→"时间轴"命令，之后在图像下方将打开"时间轴"面板，单击"创建帧动画"按钮，以创建帧动画，过程如图 5-11～图 5-13 所示。

在"时间轴"面板中选中第 1 帧，单击 5 次"复制所选帧"按钮，如图 5-15 所示，以复制 5 帧图像，如图 5-16 所示。

图 5-15　单击 5 次"复制所选帧"按钮

图 5-16　复制帧后的"时间轴"面板

在"时间轴"面板中选中第 1 帧，返回到"图层"面板中，将"背景"图层显示，将其余 5 个图层隐藏，图像效果及"图层"面板显示如图 5-17 所示。

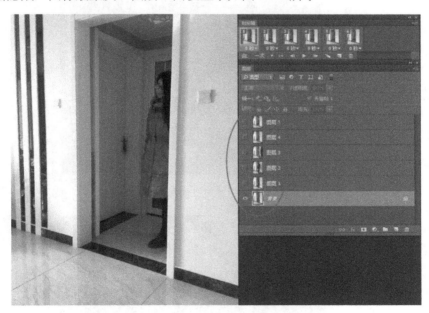

图 5-17　图像效果及"图层"面板显示（第 1 帧）

在"时间轴"面板中选中第 2 帧，返回到"图层"面板中，将"图层 1"图层显示，将其余 5 个图层隐藏，图像效果及"图层"面板显示如图 5-18 所示。

在"时间轴"面板中选中第 3 帧，返回到"图层"面板中，将"图层 2"图层显示，将其余 5 个图层隐藏，图像效果及"图层"面板显示如图 5-19 所示。

在"时间轴"面板中选中第 4 帧，返回到"图层"面板中，将"图层 3"图层显示，将其余 5 个图层隐藏，图像效果及"图层"面板显示如图 5-20 所示。

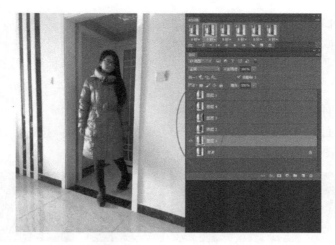

图 5-18　图像效果及"图层"面板显示（第 2 帧）

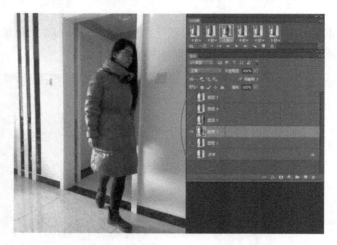

图 5-19　图像效果及"图层"面板显示（第 3 帧）

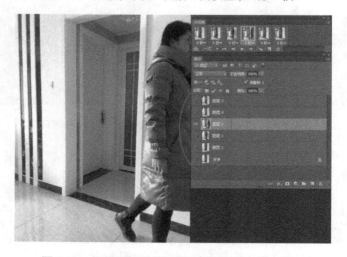

图 5-20　图像效果及"图层"面板显示（第 4 帧）

在"时间轴"面板选中第 5 帧，返回到"图层"面板中，将"图层 4"图层显示，将其余 5 个图层隐藏，图像效果及"图层"面板显示如图 5-21 所示。

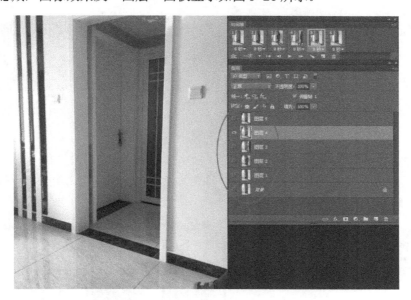

图 5-21　图像效果及"图层"面板显示（第 5 帧）

在"时间轴"面板选中第 6 帧，返回到"图层"面板中，将"图层 5"图层显示，将其余 5 个图层隐藏，图像效果及"图层"面板显示如图 5-22 所示。

在"时间轴"面板中将"循环选项"设置为"永远"，表示动画永远循环播放，如图 5-23 所示。

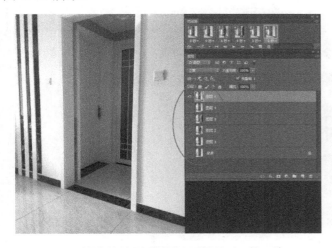

图 5-22　图像效果及"图层"面板显示（第 6 帧）

图 5-23　设置"循环选项"

在"时间轴"面板中将所有帧图像的"帧延迟时间"设置为 0.2 秒，表示每张图像播放的时间间隔为 0.2 秒，如图 5-24 和图 5-25 所示。

在"时间轴"面板中单击"播放动画"按钮，预览动画效果。

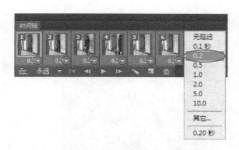

图 5-24　设置"帧延迟时间"

图 5-25　"时间轴"面板

第 5 步：导出动画

选择"文件"→"存储为 Web 所用格式"命令，如图 5-26 所示，弹出"存储为 Web 所用格式"对话框，在其中将动画存储为 GIF 格式，并适当优化图像，单击"存储"按钮，如图 5-27 和图 5-28 所示，完成动画的存储。

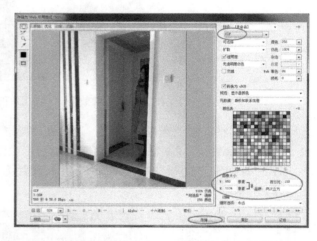

图 5-26　选择"存储为 Web 所用格式"命令

图 5-27　设置"存储为 Web 所用格式"对话框

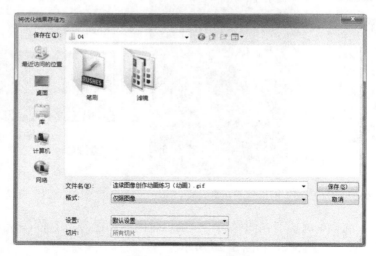

图 5-28　"将优化结果存储为"对话框

第 6 步：打开 GIF 格式文件预览动画

关闭或最小化 Photoshop，预览动画效果。

5.1.2 调整图像不透明度创建动画

调整图像不透明度创建动画效果的具体操作方法及步骤如下。

第 1 步：新建空白文档

打开 Photoshop，选择"文件"→"新建"命令，或按〈Ctrl+N〉组合键，弹出"新建"对话框，创建一个"宽度"为 28 厘米，"高度"为 7 厘米，"分辨率"为 72 像素/英寸，"颜色模式"为 RGB 颜色，"背景内容"为"白色"的画布，最后单击"确定"按钮，完成新文件的创建，文件窗口显示如图 5-29 所示。

第 2 步：创作静态图案

按〈Shift+Ctrl+Alt+N〉组合键，在"背景"图层上方创建一个名为"图层 1"的空图层，选中该图层，如图 5-30 所示。（**小知识 10：创建普通图层**）

在工具箱中选择"横排文字"工具，在其选项栏中设置属性，用户可以根据个人喜好自行设置，在此设置字体为"黑体"，大小为"70 点"，如图 5-31 所示。

图 5-29　新文件窗口　　　　　　　　　　　　图 5-30　创建新图层

图 5-31　"横排文字"工具选项栏预设

将光标移动到白色画布中，单击并输入文字，如图 5-32 所示，此时的"图层"面板如图 5-33 所示。

图 5-32　输入文字　　　　　　　　　　　　图 5-33　"图层"面板

按住〈Ctrl〉键不放，再将光标移动到"图层"面板中"调整不透明度创作动画"文字图层左侧的"指示文本图层"图标上，位置标注如图 5-34 所示。单击，在文字边缘将出现虚线选区，效果如图 5-35 所示，然后释放〈Ctrl〉键。

图 5-34 "指示文本图层"图标位置标注   图 5-35 文字边缘虚线选区效果

在"图层"面板中隐藏"调整不透明度创作动画"文字图层，并选中"图层 1"图层，此时的图像效果和"图层"面板显示如图 5-36 所示。

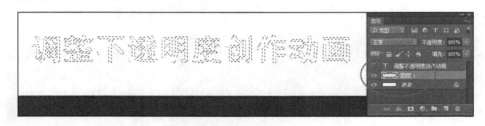

图 5-36 图像效果和"图层"面板显示

在工具箱中选择"渐变"工具 ，在其选项栏中设置属性，用户可以根据个人情况自行设置，在此设置为色谱线性渐变，如图 5-37 所示。（**小知识 42：渐变工具**）

将光标移动到画布中，按住鼠标左键不放，从左上角方向向右下角方向拖曳鼠标，操作示意图如图 5-38 所示，此时的图像效果及"图层"面板如图 5-39 所示。释放鼠标左键。

图 5-37 "渐变"工具选项栏预设（色谱线性渐变）   图 5-38 操作示意图

图 5-39 图像效果及"图层"面板

确保"图层 1"图层处于选中状态，按〈Ctrl+J〉组合键，复制选区内容，此时在"图层 1"图层上方的出现一个名为"图层 2"的新图层，并且文字边缘虚线选区消失，图像效果及"图层"面板显示如图 5-40 所示。

图 5-40　图像效果和"图层"面板

在"图层"面板中选中"图层 2"图层，按〈Ctrl+T〉组合键，文字边缘出现实线边框，效果如图 5-41 所示。将光标移动到图像上并右击，在弹出的快捷菜单中选择"垂直翻转"命令，如图 5-42 所示。"图层 2"图层中的文字将以中心点为对称中心发生垂直翻转，效果如图 5-43 所示。

图 5-41　实线边框效果　　　　　　　　图 5-42　选择"垂直翻转"命令

图 5-43　文字垂直翻转变化效果

在工具箱中选择"移动"工具，将光标移动到实线边框以内，在此需要特别注意的是，不要将光标放到中心点上，若放到中心点上，表示将要移动中心点的位置。按住〈Shift〉键和鼠标左键不放，向下拖动鼠标，实现文字沿着垂直方向向下移动操作。将文字移动到如图 5-44 所示的位置后，释放〈Shift〉键和鼠标左键。按〈Enter〉键，确认移动后的文字位置，文字边缘的实线边框消失，效果如图 5-45 所示。

图 5-44　移动文字位置

图 5-45　确认文字位置

检查并确保"图层 2"图层处于选中状态，选择"图像"→"调整"→"去色"命令，或按〈Shift+Ctrl+U〉组合键，对"图层 2"图层中的文字内容执行"去色"命令，图像效果如图 5-46 所示。

图 5-46　文字去色效果

单击"图层"面板下方的"添加图层蒙版"按钮，如图 5-47 所示，此时在"图层缩览图"右侧将多出一个白色的"图层蒙版缩览图"，单击"图层蒙版缩览图"，以选中该"图层蒙版"，如图 5-48 所示。

按〈D〉键，复位默认的前景色与背景色色彩，默认的前景色颜色为黑色，背景色颜色为白色，如图 5-49 所示。

图 5-47　单击"添加图层蒙版"按钮　　图 5-48　选中"图层蒙版"　图 5-49　前景色与背景色色彩预设

在工具箱中选择"渐变"工具，在其选项栏中设置属性，将渐变色的颜色设置为黑白，设置渐变类型为线性渐变，"模式"为"正常"，"不透明度"为 100%，如图 5-50 所示。（小知识 42：渐变工具）

图 5-50　"渐变"工具选项栏预设

314

确保"图层 2"图层的"图层蒙版"处于选中状态，如图 5-51 所示。将光标移动到文字的倒影区域，位置如图 5-52 所示，按住〈Shift〉键和鼠标左键不放，沿着垂直方向向上拖曳鼠标，图像效果及"图层"面板显示如图 5-53 所示，释放〈Shift〉键和鼠标左键。(**小知识 37：图层蒙版**)

图 5-51　"图层蒙版"处于选中状态

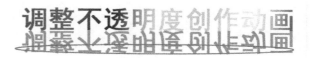

图 5-52　位置标注

图 5-53　图像效果及"图层"面板显示

第 3 步：调整图层

　　选中"调整不透明度创作动画"文字图层，之后按住鼠标左键不放将其拖曳到"图层"面板右下方的"删除"按钮上，位置标注如图 5-54 所示，删除该图层，释放鼠标左键。或选中该图层后按〈Delete〉键，此时的"图层"面板显示如图 5-55 所示。

图 5-54　"删除"按钮位置标注

图 5-55　"图层"面板显示

　　先选中"图层 2"图层，按住〈Shift〉键并单击"图层 1"图层，之后释放〈Shift〉键，同时选中"图层 1"和"图层 2"图层，如图 5-56 所示。将光标移动到"图层 1"或"图层 2"文字上并右击，在弹出的快捷菜单中选择"合并图层"命令，如图 5-57 所示，或按〈Shift+E〉组合键，之后"图层 1"图层和"图层 2"图层将合并为一个名为"图层 2"的

新图层，如图 5-58 所示。（小知识 7：多图层选择）

图 5-56　同时选中两个图层　　图 5-57　选择"合并图层"命令　　图 5-58　合并图层后的"图层"面板

第 4 步：创建动画

选择"窗口"→"时间轴"命令，如图 5-59 所示，在图像下方将打开"时间轴"面板，单击"创建帧动画"按钮，以创建帧动画，过程如图 5-60 和图 5-61 所示。

图 5-59　选择"时间轴"命令　　　　　　图 5-60　单击"创建帧动画"按钮

图 5-61　"时间轴"面板

在"时间轴"面板中选中第 1 帧，单击两次"复制所选帧"按钮，位置标注如图 5-62 所示，复制两帧图像，如图 5-63 所示。

图 5-62 单击两次"复制所选帧"按钮

图 5-63 复制两帧后的"时间轴"面板

在"时间轴"面板中选中第 2 帧，返回到"图层"面板中，选中"图层 2"图层，并将该图层的"不透明度"设置为 0%，不透明度调整前后的图像效果、"时间轴"面板和"图层"面板显示对比如图 5-64 和图 5-65 所示。

图 5-64 调整"不透明度"前

图 5-65 调整"不透明度"后

在"时间轴"面板中，检查并确保第 2 帧处于选中状态，单击"过渡动画帧"按钮，如图 5-66 所示，弹出"过渡"对话框，在其中将"要添加的帧数"设置为 8，过渡帧数的多少用户可以自行设置，最后单击"确定"按钮，如图 5-67 所示。添加完 8 帧过渡帧以后的"时间轴"面板如图 5-68 所示，发现在原先的第 1 帧和第 2 帧之间自动插入了 8 帧过渡图像，并且原先的第 2 帧图像变成了第 10 帧图像。

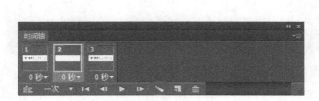

图 5-66 单击"过渡动画帧"按钮

图 5-67 "过渡"对话框

图 5-68　添加完 8 帧过渡帧后的"时间轴"面板

在"时间轴"面板中选中第 11 帧图像，再次单击"过渡动画帧"按钮，如图 5-69 所示，弹出"过渡"对话框，将"要添加的帧数"设置为 8，最后单击"确定"按钮，如图 5-70 所示。添加完 8 帧过渡帧以后的"时间轴"面板如图 5-71 所示，发现在原先的第 10 帧和第 11 帧之间自动插入了 8 帧过渡图像，并且原先的第 11 帧图像变成了第 19 帧图像。

图 5-69　选中第 11 帧图像　　　　　　　　　　图 5-70　"过渡"对话框

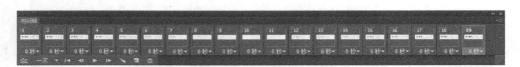

图 5-71　再次添加完 8 帧过渡帧以后的"时间轴"面板

在"时间轴"面板中，先选中第 1 帧图像，如图 5-72 所示，之后按住〈Shift〉键不放，将光标移动到第 19 帧图像上，选中该帧，此次会选中从第 1 帧到第 19 帧之间的所有帧图像，如图 5-73 所示，释放〈Shift〉键。

图 5-72　选中第 1 帧图像

图 5-73　选中所有帧图像

在"时间轴"面板中选中所有帧图像后，将所有帧图像的"帧延迟时间"设置为 0.2 秒，表示每张图像播放的时间间隔为 0.2 秒，操作如图 5-74 和图 5-75 所示。

图 5-74　设置"帧延迟时间"　　　图 5-75　将"帧延迟时间"设置为 0.2 秒（s）后的"时间轴"面板

在"时间轴"面板中将"循环选项"设置为"永远"，表示动画永远循环播放。单击"播放动画"按钮，检查并预览动画，操作过程如图 5-76 和图 5-77 所示。

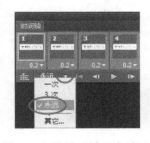

图 5-76　设置"循环选项"　　　　　　　　　图 5-77　"时间轴"面板

第 5 步：导出动画

选择"文件"→"存储为 Web 所用格式"命令，如图 5-78 所示，弹出"存储为 Web 所用格式"对话框，在其中将动画存储为 GIF 格式，并适当优化图像，单击"存储"按钮，如图 5-79 和图 5-80 所示，完成动画的存储。

图 5-78　选择"存储为 Web 所用格式"命令　　　图 5-79　设置"存储为 Web 所用格式"对话框

图 5-80 "将优化结果存储为"对话框

第 6 步：打开 GIF 格式的文件预览动画

关闭或最小化 Photoshop，预览动画效果。

5.1.3 调整图像位移创建动画

调整图像位移创建动画效果的具体操作方法及步骤如下。

上接 5.1.2 节中的第 3 步操作。

第 4 步：创建动画

选择"窗口"→"时间轴"命令，如图 5-81 所示，在图像下方将打开"时间轴"面板，单击"创建帧动画"按钮，以创建帧动画，过程如图 5-82 和图 5-83 所示。(**小知识 44：帧模式"时间轴"面板**)

图 5-81 选择"时间轴"命令

图 5-82 单击"创建帧动画"按钮

图 5-83　"时间轴"面板

在"时间轴"面板中选中第 1 帧，单击两次"复制所选帧"按钮，如图 5-84 所示，复制两帧图像，如图 5-85 所示。

图 5-84　单击两次"复制所选帧"按钮

图 5-85　复制两帧后的"时间轴"面板

在"时间轴"面板中选中第 2 帧，在工具箱中选择"移动"工具，在"图层"面板中选中"图层 2"图层，按住鼠标左键不放，移动鼠标以拖动文字位置，将文字移动到画布右侧之外，文字向右移动前后的图像效果、"时间轴"面板和"图层"面板显示对比如图 5-86 和图 5-87 所示。

图 5-86　文字向右移动之前的效果

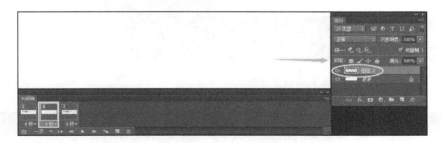

图 5-87　文字向右移动到画布以外后的效果

在"时间轴"面板中，检查并确保第 2 帧为选中状态，单击"过渡动画帧"按钮，如图 5-88 所示，弹出"过渡"对话框，将"要添加的帧数"设置为 8，过渡帧数的多少可以自行设置，单击"确定"按钮，如图 5-89 所示。添加完 8 帧过渡帧以后的"时间轴"面板如图 5-90 所示，此时在原先的第 1 帧和第 2 帧之间自动插入了 8 帧过渡图像，并且原先的第 2 帧图像变成了第 10 帧图像。

图 5-88　单击"过渡动画帧"按钮

图 5-89　"过渡"对话框

图 5-90　添加完 8 帧过渡帧后的"时间轴"面板

在"时间轴"面板中，选中第 11 帧图像，再次单击"过渡动画帧"按钮，如图 5-91 所示，弹出"过渡"对话框，将"要添加的帧数"设置为 8，单击"确定"按钮，如图 5-92 所示。添加完 8 帧过渡帧以后的"时间轴"面板如图 5-93 所示，发现在原先的第 10 帧和第 11 帧之间自动插入了 8 帧过渡图像，并且原先的第 11 帧图像变成了第 19 帧图像。

图 5-91　选中第 11 帧图像

图 5-92　"过渡"对话框

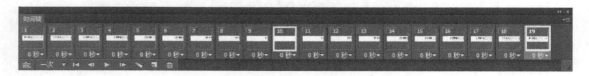

图 5-93　添加完 8 帧过渡帧以后的"时间轴"面板

在"时间轴"面板中，先选中第 1 帧图像，如图 5-94 所示，之后按住〈Shift〉键不放，将光标移动到第 19 帧图像上，选中该帧，此次会选中从第 1 帧到第 19 帧之间的所有帧图像，如图 5-95 所示，释放〈Shift〉键。

图 5-94　选中第 1 帧图像

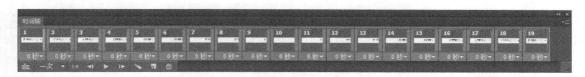

图 5-95　选中所有帧图像

在"时间轴"面板中选中所有帧图像后，将所有帧图像的"帧延迟时间"设置为 0.2 秒，表示每张图像播放的时间间隔为 0.2 秒，操作如图 5-96 和图 5-97 所示。

图 5-96　设置"帧延迟时间"　　　　图 5-97　将"帧延迟时间"设置为 0.2 秒后的"时间轴"面板

在"时间轴"面板中将"循环选项"设置为"永远"，表示动画永远循环播放。单击"播放动画"按钮，检查并预览动画，操作过程如图 5-98 和图 5-99 所示。

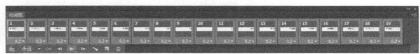

图 5-98　设置"循环选项"　　　　　　　图 5-99　设置"时间轴"面板

第 5 步：导出动画

选择"文件"→"存储为 Web 所用格式"命令，如图 5-100 所示。弹出"存储为 Web 所用格式"对话框，在其中将动画存储为 GIF 格式，并适当优化图像。最后单击"存储"按钮，如图 5-101 和图 5-102 所示，完成动画的存储。

第 6 步：打开 GIF 格式的文件预览动画

关闭或最小化 Photoshop，预览动画效果。

图 5-100　选择"存储为 Web 所用格式"命令　　　图 5-101　选择"存储为 Web 所用格式"对话框

图 5-102　"将优化结果存储为"对话框

5.2　批量处理图像

导读：拍摄的图像，有时要根据需要对多张图像的尺寸、色彩、亮度和饱和度等信息进行调整，甚至添加一些复杂的艺术效果。若逐一编辑每张图像，会占用很多时间，基于这样一个难题，本节就来学习批量处理图像的操作方法。通过批处理来完成大量相同的、重复性的操作，从而节约操作时间，提高工作效率，并实现图像处理的自动化。

批量处理图像的具体操作方法及步骤如下。

第 1 步：整理图像文件

把需要批量处理的多张图像整理到一个文件夹中，并单独复制出组图中的任意一张图像到文件夹以外，以备后续记录动作使用，图像整理效果如图 5-103 所示。

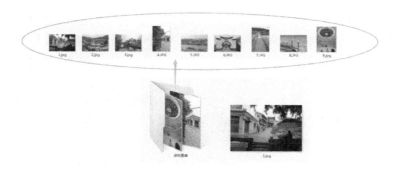

图 5-103　图像整理

第 2 步：打开文件夹以外的单张图像

打开 Photoshop，选择"文件"→"打开"命令，弹出"打开"对话框，或按〈Ctrl+O〉组合键，打开从网盘下载的"Photoshop 图形图像处理实用教程图像库\第 5 章\批量处理图像练习\1.jpg"文件，图像窗口显示如图 5-104 所示。

图 5-104　图像文件窗口显示

第 3 步：编辑单张图像以录制动作

小知识 45：动作

动作是指在单个或一批文件上执行一系列任务，如菜单命令、面板选项和工具动作等。例如，可以创建一个"去色"动作，然后对其他图像应用这个动作。动作可以包含相应的过程步骤。在 Photoshop 中，动作是批量处理图像的基础，通过设置动作自动化可以节约很多操作时间，并确保多种操作结果的一致性。Photoshop 自带的一些默认动作可以帮助用户执行常见任务，用户也可以根据需要自定义编辑动作或创建新的动作。

"动作"面板介绍如下。

选择"窗口"→"动作"命令，如图 5-105 所示，或按〈Alt+F9〉组合键，打开"动作"面板，如图 5-106 所示，"动作"面板主要用于记录、播放、编辑或删除动作。

切换对话开/关：如果在命令前显示该图标，表示动作执行到该命令时会暂停，并弹出相应的对话框，此时可以修改命令的参数设置，单击"确定"按钮后可以继续执行后面的动作；如果在动作组或动作前出现该图标，并显示为红色，表示该动作中有部分命令设置了暂停。

切换项目开/关：如果在动作组、动作或命令前显示该图标，表示该动作组、动作或命令可以执行；如果没有该图标，表示不执行。

动作组/动作/命令：动作组是一系列动作的集合；动作是一系列操作命令的集合。

停止播放/记录：用来停止播放动作和停止记录动作。

开始记录：单击该按钮，可以开始录制动作。

播放选定的动作：选择一个动作后，单击该按钮，可以播放该动作。

创建新组：单击该按钮，可以创建一个新的动作组，以保存新建的动作。

创建新动作：单击该按钮，可以创建一个新的动作。

删除：选择动作组、动作和命令后单击该按钮，可以将其删除。

面板菜单：单击该按钮，可以打开"动作"面板的选项菜单，如图 5-107 所示。

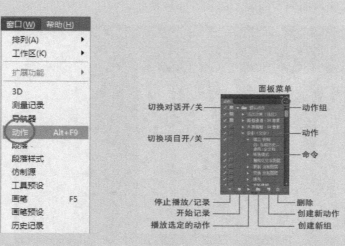

图 5-105　选择"动作"命令　　　图 5-106　"动作"面板　　　图 5-107　选项菜单

调出"动作"面板。选择"窗口"→"动作"命令，如图 5-108 所示，或按〈Alt+F9〉组合键，打开"动作"面板，图像效果及"动作"面板如图 5-109 所示。

图 5-108　选择"动作"命令

图 5-109　图像效果及"动作"面板

在"动作"面板中单击"创建新动作"按钮,如图 5-110 所示。在弹出的"新建动作"对话框中设置动作的"名称"为 123,"颜色"为"紫色",最后单击"记录"按钮,如图 5-111 所示,开始记录动作。此时的"动作"面板显示如图 5-112 所示。在此需要特别注意的是,设置动作的颜色为"紫色",是为了将其与其他动作区分开。

图 5-110　单击"创建新动作"按钮　　　　图 5-111　"新建动作"对话框　　　　图 5-112　"动作"面板

调整图像大小。选择"图像"→"图像大小"命令,如图 5-113 所示。在弹出的"图像大小"对话框中修改图像的"分辨率"参数,在此预设如图 5-114 所示,单击"确定"按钮,此时的"动作"面板显示如图 5-115 所示。(**小知识 2:"图像大小"对话框**)

图像去色。选择"图像"→"调整"→"去色"命令,如图 5-116 所示,或按〈Shift+Ctrl+U〉组合键,彩色图像颜色信息消失,效果如图 5-117 所示,"动作"面板显示如图 5-118 所示。

图 5-113　选择"图像大小"
命令

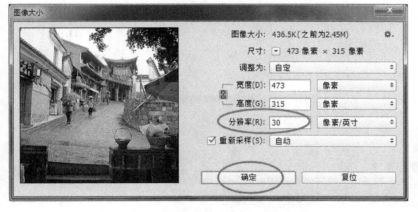

图 5-114　设置"图像大小"对话框

图 5-115　"动作"面板显示

图 5-116 选择"去色"命令

图 5-117 去色后的图像效果

图 5-118 "动作"面板显示

图像色阶调整。选择"图像"→"调整"→"色阶"命令，如图 5-119 所示，或按
〈Ctrl+L〉组合键，弹出"色阶"对话框，在其中单击"自动"按钮，软件将根据图像情况
自动调整图像色阶，单击"确定"按钮，如图 5-120 所示，此时的"动作"面板显示如
图 5-121 所示。（**小知识 40：色阶**）

图 5-119 选择"色阶"命令

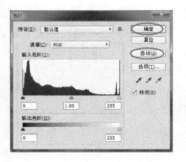
图 5-120 "色阶"对话框

图 5-121 "动作"面板显示

为图像添加"绘画笔"滤镜效果。选择"滤镜"→"滤镜库"命令，如图 5-122 所示，
弹出"滤镜库"对话框，选择"绘画笔"滤镜效果，并设置"描边长度"和"明/暗平衡"
参数，无固定参数，用户自行设定即可，最后单击"确定"按钮，在此预设如图 5-123 所
示，此时的图像效果和"动作"面板如图 5-124 所示。

图 5-122 选择"滤镜库"命令

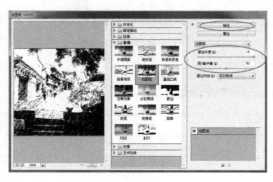
图 5-123 "滤镜库"对话框（绘画笔）

图 5-124　图像效果和"动作"面板

存储文件。选择"文件"→"存储"命令，或按〈Ctrl+S〉组合键，保存处理后的图像。此时的"动作"面板如图 5-125 所示。

关闭文件。单击关闭按钮，位置标注如图 5-126 所示，关闭处理后的图像文件。此时的"动作"面板如图 5-127 所示。

图 5-125　"动作"面板

图 5-126　关闭按钮位置标注

图 5-127　"动作"面板

停止记录动作。在"动作"面板中单击"停止播放/记录"按钮，如图 5-128 所示，停止记录动作，"动作"面板显示如图 5-129 所示。

图 5-128　单击"停止播放/记录"按钮

图 5-129　"动作"面板

小知识 46：批处理

批处理是指将动作应用于所有的目标文件，通过批处理来完成大量相同的、重复性的操作，以此节约操作时间，提高工作效率，并实现图像处理的自动化。批处理命令可以对一个文件夹中的所有文件运用动作。

选择"文件"→"自动"→"批处理"命令，如图 5-130 所示，弹出"批处理"对话框，在该对话框中，"播放"选项组用来选择需要处理文件的动作。"源"选项组用来选择将要处理的文件，如图 5-131 所示。

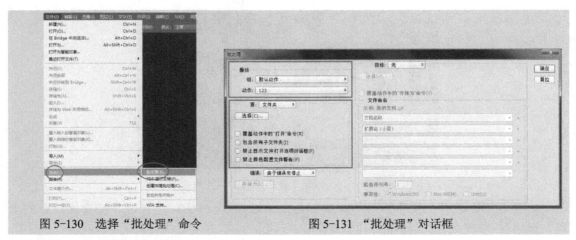

图 5-130 选择"批处理"命令　　　　　　　图 5-131 "批处理"对话框

第 4 步：批量处理图像

选择"文件"→"自动"→"批处理"命令，在弹出的"批处理"对话框的"播放"选项组中，设置批处理的"动作"为 123，如图 5-132 所示；在"源"选项组中选择"Photoshop 图形图像处理实用教程图像库\第 5 章\批量处理图像练习\多张图像"文件夹，如图 5-133 所示，最后单击"确定"按钮，文件夹中的所有图像开始批量执行 123 动作中的操作过程。在此需要特别注意的是，在批量处理图像的过程中，尽量不要触碰鼠标或键盘，以免发生错误。

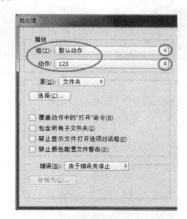　　　　　　

图 5-132 设置"播放"选项组　　　　　　图 5-133 设置"源"选项组

第 5 步：查看批量处理后的图像

打开"Photoshop 图形图像处理实用教程图像库\第 5 章\批量处理图像练习\多张图像"文件夹，查看批量处理后的图像效果，如图 5-134 所示。

图 5-134 图像效果

附录 A　图形图像处理理论基础

在这个信息爆炸的时代，图形图像作为人类感知世界的视觉基础，是人类获取信息、表达信息和传递信息的重要手段。所谓图形图像处理，就是借用图形图像处理软件对图像信息进行加工，通过对其进行除噪、增强、分割、复原、重组和提取特征等处理，以满足人的视觉心理、应用需求或创意行为。

通过对图形图像进行加工处理，可以使模糊甚至不可见的图像变得清晰明亮，完成图形图像尺寸的修改及图形图像色彩的改变，对图形图像进行创意变形或创意合成，模糊图形图像中内容元素或做局部内容替换、抠图、贴图、背景创作、图案装饰、效果美化及色彩增强等。总之，图形图像处理技术已经广泛深入地应用到了生活中的各个领域，极大地方便了人们的生活。

1．Photoshop 介绍

Photoshop 是广泛应用于平面设计、广告制作、UI 设计、Web 设计、摄影和影视后期制作等领域的图形图像处理软件，以其强大的功能和友好的操作界面成为当前最流行的软件之一，知名度及使用率极高。

（1）Photoshop CC 的启动

在通常情况下，经常使用以下两种方法启动Photoshop CC。

方法一：双击计算机桌面上的Photoshop CC 快捷方式图标 。如果桌面上没有该图标，可以打开Photoshop CC 所在的安装目录文件夹，将"Photoshop.exe"图标复制到计算机桌面上。

方法二：单击计算机屏幕左下方的"开始"按钮，选择"程序"→Photoshop CC 命令，即可启动该软件。

（2）Photoshop CC 的退出

在通常情况下，可使用以下 4 种方法关闭Photoshop CC 应用程序。

方法一：单击程序窗口右上角的关闭按钮，位置标注如图 A-1 所示，以关闭该软件。

方法二：选择"文件"→"退出"命令，位置标注如图 A-2 所示，以关闭该软件。

方法三：按〈Alt+F4〉或〈Ctrl+Q〉组合键，关闭该软件。

方法四：双击软件工作界面窗口左上角的图标 ，关闭该软件。

（3）Photoshop CC 的工作界面

启动Photoshop CC 后，进入该应用软件的工作界面，包括菜单栏、工具箱、选项栏、标题栏、浮动面板组、状态栏及图像编辑区七大部分，如图 A-3 所示。

（4）菜单栏

将光标移动到菜单栏位置，单击文字打开下拉菜单，在其中选择将要使用的命令。若菜单命令中的文字呈灰色，表示该命令在当前编辑状态下不可使用；若菜单命令中的文字后面有省略号，则选择该命令后将会弹出一个新的对话框；若菜单命令中的文字后面有箭头符号，说明该菜单下还有子菜单；若菜单命令中的文字后面有字母或字母组合键，则可以直接使用快捷键来执行命令（该字母或字母组合键是该命令的快捷键）；若要关闭所有已打开的菜单，则可以再次单击主菜单文字或按〈Alt〉键，若想逐级返回，按〈Esc〉键即可。

图 A-1　关闭按钮位置标注

图 A-2　选择"退出"命令

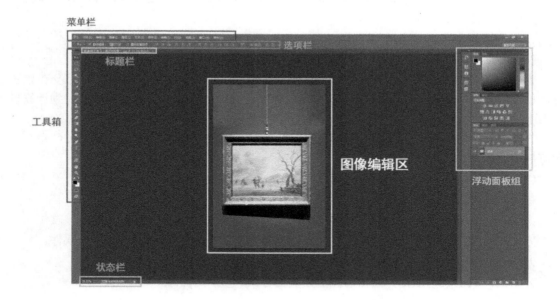

图 A-3　Photoshop CC 的工作界面

（5）工具箱

在 Photoshop CC 中，提供了多种编辑工具，要想使用某种工具，只需将光标移动到工具上单击，即可选择工具。因工作界面空间的原因，工具箱中并不能完全显示所有的工具，部分工具被隐藏到了相应的子菜单中，如图 A-4 所示。可以看到，在工具箱的某些图标的右下角有一个小的三角符号，这表明该工具还拥有子工具，单击相应的工具并按住鼠标左键不放，打开子菜单工具，继续按住鼠标左键不放，再将光标移动到相应的子工具上，即可选择该工具。

在此需要特别注意的，工具箱可以单列或双列显示，单击 ◀◀ 按钮或 ▶▶ 按钮可切换显示方式，如图 A-5 所示。

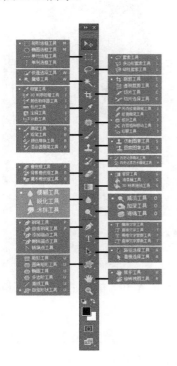

图 A-4　Photoshop CC 工具箱中的所有工具

图 A-5　工具箱单、双列显示

（6）选项栏

选项栏位于菜单栏下方，在其中可以设置各种工具的参数。当选择某一工具后，选项栏被自动激活，不同的工具对应不同的选项栏，其参数不同。图 A-6 所示为"矩形选框工具"的选项栏，图 A-7 所示为"渐变工具"的选项栏。

图 A-6　"矩形选框工具"选项栏

图 A-7　"渐变工具"选项栏

（7）浮动面板

浮动面板位于 Photoshop CC 工作界面的右侧，借助浮动面板可以完成图像处理操作和工具参数的设置，如可以用于图层编辑、通道编辑、路径编辑、动作录制、颜色选择和信息显示等。如果用户不小心关闭了某一浮动面板，可以在"窗口"菜单栏中选择误关闭的面板以再次显示该面板，如图 A-8 所示。

为了节约工作界面空间，部分浮动面板常以缩览图的形式显示，如图 A-9 所示。用户可以通过单击相应浮动面板的缩览图打开或关闭该面板，如图 A-10 所示。

图 A-8　"窗口"菜单　　　　图 A-9　浮动面板缩览图　　　图 A-10　单击缩览图以打开相应的面板

（8）状态栏

状态栏位于Photoshop CC 所打开的当前文件窗口的最底部，主要用于显示图像编辑处理的各种信息，如文档大小和缩放程度，如图 A-11 所示。若单击文档大小右侧的小三角按钮，可以从打开的下拉列表框中选择显示文档的其他信息，如图 A-12 所示。

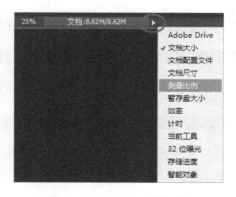

图 A-11　状态栏　　　　　　　　　图 A-12　选择显示其他信息

（9）图像编辑区

图像编辑区位于Photoshop CC 工作界面的中间位置，在此区域中编辑图像。

2．位图与矢量图

计算机软件所处理的图像可以分为两大类，分别是位图和矢量图。由于这两种图像的描述原理不同，因此对这两种图像的处理方式也不同。

（1）位图

位图又称为点阵图像或栅格图像，它是由无数个称为像素（图像元素）的单个点组成的，每个像素都具有特定的颜色信息和位置。当放大图像时，可以看见赖以构成整张图像的无数个类似马赛克的单个方块，如图 A-13 所示，如果从稍远的位置或缩小图像预览，图像的颜色和形状又显得是连续的，如图 A-14 所示。

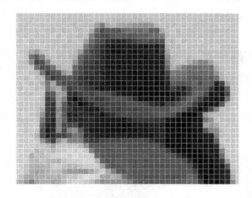

图 A-13　图像局部放大后的效果　　　　　　图 A-14　图像缩小后的效果

（2）矢量图

矢量图也称为面向对象的图像或绘图图像，是根据几何特性来绘制的图形。它只能靠软件生成，其特点是放大后图像不失真，不会因缩小或放大影响图像的品质。以下给出的图像中，图 A-15 所示为正常比例绘制的矢量图像，图 A-16 所示为将其局部放大后的效果，可以看到，矢量图像放大后，依旧清晰精细，并无类似马赛克的单个方块出现。

图 A-15　正常比例绘制的矢量图像　　　　图 A-16　局部放大后的图像效果

（3）位图与矢量图对比

位图与矢量图的对比见表 A-1。

表 A-1　位图与矢量图对比

图像类型	组　成	优　点	缺　点	常用工具	应用范围
位图	像素	足够多的不同色彩的像素，可以表现出色彩丰富的图像，很逼真地表现自然界的景象，也可以表现颜色的细微层。图像的清晰度与分辨率有关	在缩放或旋转图像时容易失真，放大显示图像时比较粗糙，文件所占用的存储空间较大	Photoshop	摄影调色版式设计创意创作包装设计
矢量图	数学向量	文件占用的存储空间较小，在进行放大、缩小或旋转操作时图像不会失真。图像的清晰度与分辨率无关	所呈现的图像色彩单一，不易制作色彩丰富的图像	Illustrator CorelDraw 等	图形设计文字设计标志设计版式设计

3. 像素与分辨率

在 Photoshop 中对图形图像的处理与像素和分辨率这两个概念息息相关，掌握好这两个知识点在正确编辑图像的同时还能够减少不必要的麻烦。

（1）像素

像素又称为图像元素，是构成数字图像的基本单元，像素可以承载多种色彩，如图 A-17 所示。

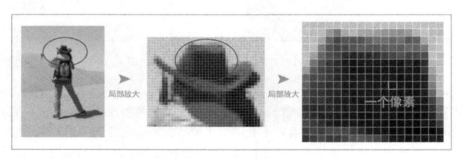

图 A-17　认识像素

（2）分辨率

常见的分辨率有图像分辨率、显示器分辨率和打印分辨率 3 类。

① 图像分辨率。

图像分辨率是指图像中每英寸显示的像素数目，1 英寸（in）=2.54 厘米（cm），分辨率的单位为 ppi（Pixels Per Inch），通常用"像素/英寸"来表示。在相同文档尺寸下，图像的分辨率越高，图像中像素的数目越多，单个像素尺寸越小，图像所保留的细节越多，图像越精细，所占用的磁盘空间越大；分辨率越低，图像中像素的数目越少，单个像素尺寸越大，图像所保留的细节越少，图像越粗糙模糊，图像所占用的磁盘空间越小，效果对比如图 A-18 所示。

在实际应用中，应根据文件的使用需求合理地设置图像的分辨率大小。在一般情况下，创建基于电子设备显示的图像文件时将分辨率设定为"72 像素/英寸"；需要高清印刷的彩色页面及包装效果一般将分辨率设置为"300 像素/英寸"；喷绘的大型户外广告牌一般设定为"15 像素/英寸"～"50 像素/英寸"；报纸一般设定为"130 像素/英寸"～"300 像素/英寸"等。

② 显示器分辨率。

显示器分辨率是指显示器屏幕在水平和垂直方向上显示的像素个数。在图 A-19 中，设置的屏幕分辨率为 1366×768，表示该显示器在水平方向分布了 1366 个像素，在垂直方向分布了 768 个像素。在屏幕尺寸相同的情况下，显示器的分辨率设置得越高，显示数字图像的效果就越精细、细腻和清晰；相反，分辨率设置得越低，则图像效果越粗糙、模糊。

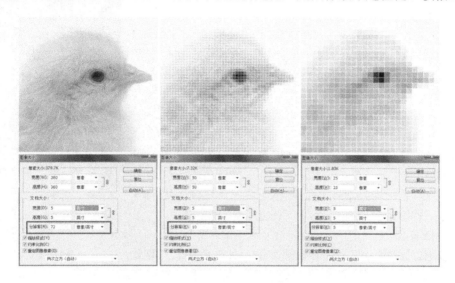

图 A-18　不同的分辨率的图像效果对比

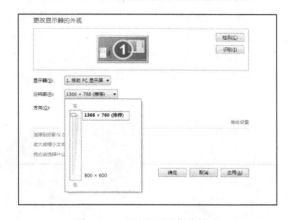

图 A-19　显示器屏幕分辨率

③ 打印分辨率。

打印分辨率又称为输出分辨率，是指在打印输出时横向和纵向两个方向上每英寸最多能够打印的点数，通常以"点/英寸"即 dpi（Dot Per Inch）表示。而所谓的最高分辨率，是指打印机所能打印的最大分辨率，即打印输出的极限分辨率。平常所说的打印机分辨率，一般是指打印机的最大分辨率，目前一般激光打印机的分辨率均在 600×600 dpi 以上。

4. 色彩模式

所有的图像编辑都是基于图像的色彩模式操作的。所谓图像色彩模式，就是把颜色分解成几部分组件，对颜色组件不同的分类就形成了不同的色彩模式。不同色彩模式的图像，在日常生活中的应用及呈现效果也不同，如 RGB 色彩模式基于电子设备屏幕显示；CMYK 色彩模式基于图像的输出打印，各种色彩模式之间可以相互转换。为了尽量减少屏幕显色和印刷时出现色彩的偏差，需要合理地设置图像的色彩模式。常见的色彩模式有 RGB 模式、CMYK 模式、灰度模式、Lab 模式和位图模式等。

（1）RGB 模式

RGB 即代表红、绿、蓝三种颜色，此种色彩模式是通过对红（Red）、绿（Green）、蓝（Blue）三种颜色之间相互叠加来得到丰富的色彩的，如图 A-20 所示。这个标准几乎包括了人类视力所能感知的所有颜色，是目前运用最广的色彩系统之一。

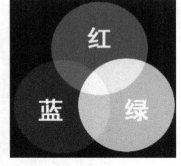

图 A-20　RGB 模式叠加原理

红、绿、蓝三种颜色以不同的比例叠加能产生新的色彩，是一种加色模式（理论上）。在 RGB 模式下，每种颜色的数值都在 0～255 之间，总共能够组合出约 1678 万种色彩，即 256×256×256=16777216。当 R、G、B 三种颜色的数值均为 0 时，颜色为黑色；均为 255 时，颜色为白色。图像若用于电视、幻灯片、网络或多媒体显示，一般使用 RGB 模式。

（2）CMYK 模式

CMYK 模式也称为印刷色彩模式，是一种减色模式（理论上）。C、M、Y、K 对应 4 种印刷油墨的名称，分别是青色（Cyan）、品红色（Magenta）、黄色（Yellow）和黑色（Black），每种颜色的取值范围为 0%～100%。从理论上讲，只需要 C、M、Y 这 3 种油墨就应该得到黑色，但是由于目前制造工艺还不能造出高纯度的油墨，C、M、Y 这 3 种油墨等比混合的结果实际上是一种暗红色，因此必须与黑色（K）油墨合成才能生成真正的黑色，也可以单独使用黑色（K）油墨印刷。为了避免与蓝色混淆，黑色油墨用字母 K 而非 B 表示。通常，将这些油墨混合重现颜色的过程称为四色印刷，彩色打印机油墨及内部墨盒如图 A-21 和图 A-22 所示。

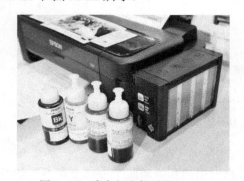

图 A-21　彩色打印机油墨

图 A-22　彩色打印机内部的 4 色墨盒

（3）灰度模式

灰度模式使用单一色调来表现图像，总共可以表现 256 阶（色阶）的灰色调（从黑→灰→白的过渡，类似黑白照片），即 256 种明度的灰色。将彩色图像转换为灰度模式时，所有的颜色信息都将被删除。灰度模式是一种单通道模式，图像只有明暗值，没有色相和饱和度这两种颜色信息，其中 0%为黑色，100%为白色，如图 A-23 所示。日常生活中，使用扫描仪产生的图像常以此种模式显示。

（4）Lab 模式

RGB 模式是一种屏幕发光的加色模式，CMYK 模式是一种颜色反光的印刷减色模式。而 Lab 模式既不依赖于光线，也不依赖于颜料。L 表示明度，其取值范围为 0～100；a 代表从绿色到红色，其取值范围为-128～+127；b 代表从蓝色到黄色，其取值范围为-128～+127。从理论上讲，它包括了人眼可以看见的所有色彩，色域最为广泛，色彩鲜亮，弥补了RGB 与 CMYK 两种色彩模式的不足，其色域范围说明如图 A-24 所示。在Photoshop中常利用此种模式色域广、色彩鲜亮的特点，对图像进行调色处理。

图 A-23　灰度模式

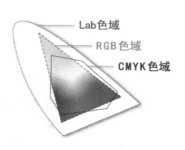

图 A-24　色域说明图

（5）位图模式

位图模式图像也称为黑白图像，只使用黑白两种颜色中的一种表示图像中的像素，其中每一个像素都是用 1 位的位分辨率来记录色彩信息的，因为所包含的色彩信息少，因而图像较小。当一幅彩色图像要转换成位图模式时，不能直接转换，必须先将其转换成灰度模式后再转换成位图模式。在Photoshop中常利用此种模式的特点，对图像进行特殊效果处理，如图 A-25 所示。

5. 常用文件存储格式

（1）PSD 格式

PSD 格式是Photoshop的专用格式，该格式可以存储文件中所有的图层、通道、路径、颜色模式和辅助线等信息，若文件中包含图层，一般都用 PSD 格式保存，修改起来较为方便。在保存 PSD 格式的文件时，此格式会将文件压缩，以减少占用磁盘空间。由于 PSD 文件保留原图像的所有数据信息，因此文件本身所占用的空间较大。

图 A-25　效果对比

（2）JPEG 格式

JPEG 格式是一种常见的图像格式，它用有损压缩方式去除了冗余的图像数据，在获得极高的压缩率的同时还能展现十分丰富、生动图像，换句话说，就是可以用较少的磁盘空间得到较好的图像品质。此种格式是一种很灵活的格式，具有调节图像质量的功能，允许用不同的压缩比例对文件进行压缩，压缩比越大，图像品质就越低；相反，压缩比越小，图像品质就越高。JPEG 格式支持 24 位真彩色的图像，适用于表现色彩丰富的图像，兼容性好，但不支持 Alpha 通道。

（3）PDF 格式

PDF 是一种便携式文件格式，它的优点在于可以跨平台操作，与操作系统平台无关，可以在 Windows、Mac OS X、Linux 和 DOS 等环境下浏览文件，这一性能使它成为在因特网上进行电子文档发行和数字化信息传播的理想文档格式，已成为出版业中的新宠。越来越多的电子书、产品说明和网络资料等开始使用 PDF 格式文件。它支持 PSD 格式所支持的所有颜色模式和功能，也支持 JPEG 和 Zip 压缩，以及透明度设置，但不支持 Alpha 通道。

（4）TIFF 格式

TIFF 格式是一种比较灵活、包容性大的格式，该格式支持 RGB、CMYK、Lab、位图和灰度等模式，是一种无损压缩格式，因此文件体积较大。在 RGB、CMYK 和灰度模式下支持使用图层、通道和路径，它广泛地应用于对图像质量要求较高的图像的存储与转换。

（5）GIF 格式

GIF 格式又称为图像交换格式，流行于因特网中，它的出现为因特网注入了一股新鲜活力。此种格式支持 256 色以内的图像；采用无损压缩存储，在不影响图像质量的情况下，可以生成很小的文件；可以创作动画，如果在 GIF 文件中存放有多张图像，它们可以像幻灯片或动画那样播放演示，这也是其最突出的特点。

（6）PGN 格式

PGN 格式是一种无损压缩格式，它结合了 JPEG 和 GIF 两种格式中最好的特性，这一格式的特点是支持透明效果、支持真彩色和灰度级图像、支持 Alpha 通道透明度、体积小。但这种格式并不支持所有的浏览器。在Photoshop中常用此种格式来合成图像。

（7）BMP 格式

BMP 格式是 Windows 操作系统中的标准图像文件格式，在 Windows 环境中运行的图形图像软件都支持 BMP 图像格式，它采用位映射存储，除了图像深度可选以外，不采用其他任何压缩，因此所占用的空间较大。支持 RGB、索引颜色、灰度和位图模式，不支持 CMYK 模式和 Alpha 通道。

（8）Targa 格式

Targa 格式是美国的 Truevision 公司为其显卡开发的一种图像文件格式，其结构比较简单，属于一种图形、图像数据的通用格式，在多媒体领域有很大影响，是计算机生成图像向电视转换的一种首选格式，支持压缩，使用不失真的压缩算法，支持 Alpha 通道。